喬木
書房

喬木書房

一本受用無窮的社會生存法則

哈佛大學的商業菁英都是這樣做

Harvard's Business Elite Do It All

全方位提升自己，將不可能成爲可能！

哈佛大學已經不僅僅是一個學校，而是一個品牌，它對商場競爭提出了許多建議和精闢的論述，其中的精
在於從若干個方面闡述了行走商界必須要具備的條件，包括目標、行動、熱忱、信心等。它給了全世界沒
直接在哈佛校園內接受教育的人，一次上「哈佛」大學的機會，為自己在以後的職場、事業和商場奮鬥中
點迷津。

讓我們和哈佛學子一起走進哈佛商學院的課堂。

陳必讀—著

目錄

第二章　哈佛大學告訴你：學習是永遠不會過時的事 45

第七章 哈佛大學告訴你：熱忱會化解生活和工作的難題 201

前言

「哈佛大學」對於全世界的學子來說都是一生憧憬和嚮往的地方！它是美國最早的私立大學之一。以培養研究生和從事科學研究為主的綜合性大學。總部位於波士頓的劍橋城，它的前身哈佛學院始建於一六三六年。

歷史上，哈佛大學的畢業生中共有七位曾當選為美國總統。他們是約翰・亞當斯(美國第二任總統)、約翰・昆西・亞當斯、拉塞福・海斯、希歐多爾・羅斯福、佛蘭克林・羅斯福(連任四屆)、約翰・甘迺迪和巴拉克・歐巴馬(連任二屆)。哈佛大學的教授群中總共產生了多達四十名諾貝爾獎得主……。這些耀眼的光環使全世界的優秀人才對它趨之若鶩。

現在的哈佛大學已經不僅僅是一個學校，而是一個品牌，它對商場競爭提出了許多建議和精闢的論述，其中的精華在於從若干個方面闡述了行走商界必須要具備的條件，包括目標、行動、熱忱、信心等。它給了全世界沒有直接在哈佛校園內接受教育的人，一次上「哈佛」大學的機會，為自己在以後的職場、事業和商場奮鬥中指點迷津。

哈佛大學傳達給全世界的商訓告訴我們在職場、事業或者商場中應該這樣：

※要有明確的目標，才能知道為了什麼而奮鬥；

※要有正確的思考，才能有客觀準確的判斷力；

※要有積極的行動，才能武裝自己；

※要有警覺性，才能防禦外來的侵擾；

※要有接受挑戰的勇氣，才能不斷地更上一層樓；

※要有合作的精神，才能幫你解決那些棘手的問題；

※要有接受批評的勇氣和決心，才能完善和瞭解未知的一切；

※要有善意的行動，才能增加你的份量；

※要有不斷學習的動力，才能吸收及運用它；

※要有裝飾語言的技巧，做到言之有物，才能正確表達你的思想；

※要有和諧的思想，才能保持和諧的人際關係；
※要有快樂的心情，才能與人分享財富和經驗；
※要有健康的習慣，才能未雨綢繆；
※要用心經營自己的朋友，尊重朋友，才能友誼長存；
※要能克服恐懼，才能讓貧窮的人富有；
※要有十足的信心，才能讓自己離成功越來越近；
※要有正確認識失敗的心態，才能反敗為勝；
※要有凡事多做一點，才能累積多一點的財富；
※要有十分的熱忱，才能讓生活變得生動！
看了上述這麼多「要有」的要求，相信你已經迫不及待了吧！那麼請你翻開本書，它會一一為你解答。

第一章　哈佛大學告訴你：

堅定的行動勝過激動的語言

只要行動起來，你必然會接觸到一些事情，產生新的認識，並觸動頭腦中的靈感，這有助於你形成新的想法。只要行動起來，你必然會接觸到一些相關的人，聽到一些有用的資訊和建議，運氣好的話，還會遇到某個樂意幫你解決問題的人。

只要行動起來，你將發現，許多似乎很難解決的問題，遠遠沒有當初想像的那麼難。

觀察走在你前面的人，並且向他們虛心學習。

瑞士有句諺語：**「傻瓜從聰明人那裡什麼也學不到，聰明人卻能從傻瓜那裡學到很多。」**想想自己，是不是很多時候就像是傻瓜一樣，無法從別人那裡吸收更多的知識。因此，要像聰明人那樣，觀察走在你前面的人，並且向他們虛心學習。

一個人的經驗畢竟有限，重要的是應該向更多的人學習，接收多數人的知識，獲得多方面的培養。也就是說，透過與人交往，從多數人的經驗中學習。特別是行走職場，即使你貴為名校高材生，也要向前輩學習各種自己從未經歷過的經驗。

一些研究機構對於名校畢業生的追蹤調查顯示，經驗有時會更重要。加拿大蒙特婁麥吉爾大學管理學教授，追蹤一九九〇年從哈佛商學院畢業的十九位優等生表現，結果發現其中十人完全失敗，另外四人至少有問題，只有五人表現不錯。綜合自己的調查資料分析：職場中，工作經驗要比名校的背景更為重要。

還有一項對ＭＢＡ(企業管理)學位含金量的調查研究。調查者李奇曼，一九九七年畢業於哈佛大學商學院；調查ＭＢＡ企管學位，尤其是長春藤盟校的學位，在現實世界是否真像大家所想像的那麼吃得開。為得到答案，李奇曼決定追蹤他哈佛學生的生活，與他們談論個人及職業的期望，然後每五年重訪他們。李奇曼說：「我希望知道學生如何做有關生涯的決定，也希望知道他們如何界定成功。」哈佛大學商學院副教授莫妮卡‧希金斯是他這項計畫的顧問。ＭＢＡ的價值到底如何，沒有統一意見。紐約佩斯大學魯賓商學院二〇〇六年一項研究分析，在紐約證交所上市的四百八十二家公司，發現只有一百六十二家公司的執行長擁有ＭＢＡ學位。具有名校ＭＢＡ學位的執行者，表現並不比一般學校的畢業生更優秀。

以上結果，在某種程度上說明了經驗的重要性，不要總以優勢自居，要抱著虛心學習的態度不斷向前面的人學習，能學習才能進步，縱觀那些創業成功的企業家，無一不是積極吸取別人優秀之處來豐富自己的高手。他們有很多學習的親身經歷和經驗，分析下來大概有以下方面：

1、走出去學習。

珍惜到其他公司學習的機會，細心觀察老闆的經營長處。

2、與精明能幹的人為伍。

與精明能幹的員工共事，有助於自己能力的提升。

3、與閱歷較深的人接觸。

他們身上往往有你缺乏的各種經驗，多與這類「過來人」學習，可以分享他們的點子和心得體會。

4、與不同行業的人交朋友。

不同行業的人是你很好的學習來源，多與他們聯繫交往，可以獲得一些資訊或機會。

5、多與專家顧問接觸。

學習自己不懂得更高層次的知識，拓寬自己的眼界和思路。

6、與下屬聊天。

越是職位低的員工，越是具有長處和知識，因此聆聽下屬的心聲，可以學到自己不專長的知識。

7、堅持潛移默化地學習。

時常出外走動，與顧客、員工、專家等多聊聊，因為與經驗豐富或才華洋溢的人相處，你會發現很有收穫。

8、傾聽服務者的意見。

服務者的意見最能夠使自己發現缺失和錯誤，從而取得很大的進步。

其實每個人若想有所成就，都必須擬定一個學習者做為自己的導師，引導自己不斷學習，完善自己。也許有人說喜歡靠自己打拚，摸著石頭過河，當然，成功有兩條路：一個是自己埋頭苦幹，自己學習、總結，實踐再總結再實踐；一個是向已經成功的人學習，藉由他們的成功經驗，縮短自己的摸索時間。

哪一條路更容易達到目標？也許擁有世界第一行銷大師頭銜的賴茲給出了答案：「很少有人能單憑一己之力，迅速名利雙收；真正成功的騎師，通常都是因為他騎的是最好的馬，才能成為常勝者。」

忙碌的人才能把事情做好，呆板的人只會投機取巧。

很多人都有這樣的感覺：工作生活越忙碌就越有幹勁、越有朝氣、越有想法，事情也會越做越好，而鬆懈呆板就只能投機取巧，往往把事情搞砸，自己也很難進步。

做每件事情都是有目標的，通常也都是有時間限制的。在規定的時間內達到同一個目標，忙碌的人只能是做更多的事情，事無巨細，越細緻的工作出差錯的可能性越小，照顧的面就越周全。而那些忙碌不起來的人，就不能很充分地完成任務，最終採取投機取巧的辦法掩人耳目。

其實，工作忙碌有時是對自己人生負責的表現。只有忙碌的人才能把事情做得更好，逐步提升自己，實現自己的目標，並在這一過程中體會做事的快樂。能夠傾盡全力工作的人常常會感到精力充沛，長久保持年輕。因為人若忙得不可開交時，就會覺得生命充實、有意義。當忙碌的一天結束時，心中就會有一種滿足感和成就感。而那些喜歡投機取巧和偷懶的人，會感到畏難苟安、毫無生氣，如同行將就木的老人一樣，他們絕不會說出也不會體會：「如果我用盡心力忙了一天，到了下班後，我依然還覺得興奮，連一杯苦澀的咖啡，我也會高高興興地喝。」

小陳憑藉自己的努力和每天忙碌的工作，一步一步贏得了老闆的信賴。現在，老闆非常賞識他，他成了老闆的「親信」。不久，小陳就被提拔為銷售部經理，薪資一下子漲了兩倍，還有了自己的專用轎車。

起初，小陳還是像以前一樣忙碌，堅持將事情做到更好。沒多久，很多不和諧的聲音出現了：「你怎麼這麼傻啊？」不斷有人這樣對他說，「你現在已經是經理了，再說老闆並不會檢查你所做的每一件事情，你做得再好，他也不知道啊。」在多次聽到別人說他「傻」的話後，小陳變得「聰明」了。他學會了投機取巧，學會了察言觀色和想方設法迎合老闆。他不再把心思放在每天忙碌的工作上，而放在揣摩老闆的意圖上。如果他認為某件事情老闆要過問，他就會用心將它做好；如果他認為某件事情老闆不會多管，他就草草地隨便去做。久而久之，老闆發現以前那個忙碌勤奮的小陳不見了，於是毫不留情地將現在這個「聰明」的小陳辭退了。

雖然老闆的時間有限，他不可能看到每個員工的工作表現。但是，如果你養成了忙碌工作的習慣，把每一件事都做好，就可以保證老闆所看到的都是完美的。到時，老闆自然會把你該得到的職位和報酬給你。但遺憾的是，很多職場人士都做不到這一點，投機取巧已經成為現代企業的一大痼疾，許多很有發展的人也因沾染這種習氣而被埋沒。

有人各對一百位年輕男女的工作狀態進行調查，結果顯示：工作忙碌並使其身心愉快者：男有八十一人，女有七十九人；工作忙碌就覺得無趣者：男有十九人，女有二十一人。

由此可見：大部分的人對於工作的忙碌，都覺得有幹勁、有生氣。所以，工作忙得不可開交，就是讓你覺得自己有幹勁、有活力、有自信的最好方法。而投機取巧也許能讓你獲得一時的便利，但卻在心靈中埋下隱患，從長遠來看，是有百害而無一利的。

古時候，一個農夫家裏有一頭老黃牛和一隻騾子，牠們每天不停地工作，很忙碌也很辛苦。一天，騾子對老黃牛說：「今天我們裝病吧，休息一下好嗎？」老黃牛卻回答說：「不行啊，我們需要把工作做完，因為耕種的季節時間太短了。」但騾子還是裝病了，農夫為牠弄來新鮮的乾草和穀物，盡量讓牠身體能早點恢復起來。等老黃牛耕種回來，騾子詢問田地裏的情況如何。「沒有以前耕種得多」，老黃牛回答道，「但我們也耕種了相當長一段距離。」騾子又問道：「主人有沒有說我什麼？」「沒聽見提到你。」老黃牛答道。

第一天嘗到了甜頭，騾子決定第二天繼續裝病，以逃避忙碌的生活。當老黃牛從田地裏回來時，騾子問道：「今天怎麼樣？」「還不錯，我認為。」老黃牛答道，「但耕種得還不是太多。」騾子又問道：「主人說我什麼沒有？」「什麼也沒有對我說。」老黃牛說。「但是主人跟屠夫商量了好長時間。」老黃牛說。

騾子的命運顯然是可想而知了。現實生活中我們一定要做個忙碌的人，以此來展現自己的價值。

善意需要適當的行動表達。

善良是一切品質的基礎，沒有善良任何品質都無從談起。沒有品質人生就會像航行中的船偏離航道，隨時有觸礁的危險。能力就像發動機，如果航向偏離了，動力越強，離目標就會越遠，危險就會越大。

善良本身是一種虔誠的君子人格，是一種無我的至高境界，是一種始終不渝的執著信念，是一種在任何時候、任何情況下，都必須而且只能如此的自覺習慣。

在生活中，無論時光如何陡轉遷移，始終保持一顆健康、善良、美麗的心靈才是一個人快樂的源泉，也是永保青春活力的秘方。很難想像一個時時處心積慮、心懷叵測的人會是一個心態健全的人，沒有好品格的人談不上什麼魅力可言，更不必想給人留下一個美好的印象了。成功也罷，平庸也好，無論地位高低，在人格魅力面前一律平等！

十九世紀初的一個夜晚，一個酷愛音樂、作曲卻貧窮得連紙都買不起的年輕人走過維也納街頭，他只能每天到一所小學來練習鋼琴。此刻他正在回家的路上為生計憂愁，卻發現一個衣衫襤褸的小孩在叫賣一本書和一件舊衣服，他知道這是一個比他更窮的孩子，於是他掏出所有的古爾盾（錢幣）給了那個小孩，而他此時只有這本書了。然而就在那本書中，他發現了詩人歌德的詩作—《野玫瑰》，他一遍又一遍的讀著，在超越心靈的境界中完成了《野玫瑰》這首音樂寶庫中的瑰寶，他的名字叫做舒伯特。可是有多少人知道這首名曲的誕生，正源自一顆善良之心呢？

由此看來善良真的是一種怦然心動的美，是人性中稀有的珍珠，在人生旅途中與善良結伴而行，就能找到另一種意境。

生活中許多人在歲月的磨蝕裏，總是噓唏嘆氣、患得患失，為自己逝去的青春，為靚麗不再的容顏，為生活的疲憊，為奔波的勞苦滄桑了心情。而對於他人的不幸與挫折卻又總是冷眼旁觀、不為所動，不能說是心靈已經麻木，實際上是缺少了一顆善良之心，因此不能善待自己更不可能善待他人，當然更不可能獲得他人的回報與善待。而且他們從未嘗試過用行動表達自己的善良，更沒有嘗試過這種行動給自己帶來的喜悅和安慰。

善良是一種職場必備的素質。善良是一種健康、一種美麗，是生活現實、珍惜生命、尊重社會、展現價值。善良也是一種智慧，是一種遠見，是一種自信，是一種精神力量，是一種精神的平安，是一種以逸待勞的沉穩，是一種文化、一種快樂。唯有善良的人身邊才能聚集更多的人，才能在冷漠的職場中為大家所接受，從而為自己的前途打開局面，這種素質是任何財富都買不到的。

就善良與智慧相比，前者顯得更有價值。因為每個人的潛力都是無限的，有什麼樣的人品，就會有什麼樣的工作成績與生命品質。因為人與人之間並沒有多大的不同，成功者與失敗者、卓越與平庸之間的迥異之處正在於人品的高下。善良是不能複製的，它經常可以給你意想不到的重大驚喜。

在現實工作中，很多公司並不缺乏人才，有的甚至人才濟濟，但卻面臨著發展動力不足的困境，最後被淘汰的結局。究其原因，就在於這些企業、公司的員工普遍缺乏諸如忠誠、敬業、誠實、積極主動等等的優良品德，而這些正是一名員工人品優劣的重要表現。

善良如此重要，就要在職場中適當地表達，因為人們常常被善舉所感動，哪怕是一件很小的好事或者一個小小的善舉，人們都會感激在心，銘記一世，而善是和真與美聯繫在一起的。人，做很多善事後，累積起來就成了一種美好的品德。這是量變和質變的關係，當量變到一定程度時就會發生質變。那麼，你在人們心目中的形象就會被確定為善良，就會消除對你的戒心，毫無芥蒂地在日後的生活和工作中自然地與你合作，這對於職場人士來說是難能可貴的。因此，適當去表達你的善意吧，慢慢累積這筆無價的財富。

如果想要更上一層樓，就為別人提供更多更好的服務。

自然有自然的規律，事物有事物的規則，你要更上一層樓，就要用付出墊起這一層樓的高度，然後才能穩穩地站上去。

無論是在競爭激烈的商場上，還是人才濟濟的職場，付出：為他人提供服務是本，收穫是末，只有先付出後才能有收穫。

付出與收穫的關係說起來簡單，卻常常有人參悟不透。一位商人在經營上遇到了難題，市場不斷萎縮，資金周轉困難，於是他去請教一位禪師。禪師說：「後面的院裏有一口水井，你去給我打一桶水來！」半晌，商人汗流浹背地跑來說：「禪師，水井下面是枯井，打不出水來。」禪師說：「那你就去山下給我買一桶水來吧。」商人去了，回來後僅拎了半桶水。禪師說：「我不是要你買一桶水嗎？怎麼才半桶呢？」商人紅著臉，連忙解釋說：「不是我怕花錢，而是山高路遠，實在不好拿呀！」「可是我需要一桶水，那就麻煩你再跑一趟吧！」禪師堅持說。商人又到山下買了一桶水回來。禪師說：「現在我可以告訴你解決的辦法了。」於是帶著商人來到水井旁，說：「將那半桶水統統倒進去。」商人非常疑惑，猶豫著未行動。「倒進去！」禪師命令著。於是，商人將那半桶水倒進水井裏，禪師讓他打水看看。商人試了試，只聽那井口呼呼作響，沒有一滴水出來，那半桶水全讓水井吞進去了。直到這時他才豁然開朗，於是將整桶水都倒進了井裏，不停的打，水果然出來了。

這則故事說明，只有先捨得奉獻，然後才能得到回報。不捨得奉獻的人，是無法得到回報的。先付出是獲得收穫的必須，但如果你想超越別人進步的更快，就必須要為別人提供超出預期更好更多的服務。

泰國的東方飯店堪稱亞洲之最，吸引了全世界各國的客人絡繹不絕的入住。東方飯店的經營是如此成功，他們有什麼特別的優勢嗎？他們有創新獨到的方法嗎？回答是否定的，沒有，什麼都沒有。那麼，他們靠的是什麼呢？

英國商人貝克因生意需要來到泰國，並第二次下榻東方飯店。

早晨，他剛走出房間準備去用早餐，結果樓層服務生主動上前問說：「貝克先生是要用早餐嗎？」貝克奇怪的反問說：「你怎麼知道我的名字？」服務生說：「我們飯店有規定，晚上要背熟所有客人的姓名。」這令貝克大吃一驚，因為他住過世界各地無數高級飯店，但這種情況還是第一次碰到。貝克走進餐廳，服務小姐微笑著問：「貝克先生還是老位子嗎？」貝克更吃驚了，心想儘管不是第一次在這裡吃飯，但最近的一次也有一年多了，難道這裡的服務小姐記憶力特別好？看到他吃驚的樣子，服務小姐主動解釋說：「我剛剛查過電腦記錄，您去年的八月六日，在靠近第二個窗的位子上用過早餐。」貝克聽後興奮地說：「老位子！老位子！」服務小姐接著問：「老樣子，一個三明治，一杯咖啡，一顆雞蛋？」貝克簡直目瞪口呆。

就餐期間，服務生給貝克上了一道小菜。由於這種小菜貝克先生第一次看到，就問說：「這是什麼？」服務生退兩步說：「這是我們特有的小菜。」服務生為什麼要先後退兩步呢？他是怕自己說話時口水不小心落在客人的食物上。這種細緻的服務就是在英國、美國，貝克也都沒見過。

貝克從泰國回來後就再也沒去過，一晃眼已經兩年了。在他生日的時候突然收到一封東方飯店的生日賀卡，並附上一封信，信上說東方飯店的全體員工十分想念他，希望能再次見到他。貝克十分感動，並在朋友之間大力推薦東方飯店。

原來，東方飯店在經營上的確沒有什麼頂尖的管理系統，高學歷的管理人員，他們的硬體條件與同等層次的飯店相比並沒有什麼不同。但是，他們能夠提供人性化的優質服務，而且這種服務已經超出了顧客的預期和想像。他們抓住了別人未在意不起眼的細節，堅持不懈把人性化服務延伸到各方面，落實到點點滴滴，不遺餘力地推向極致。由此，取得成功自然不在話下了。

在今天競爭激烈的社會裡，在商場、職場上打拚，如果做事只是按部就班，結果只是和別人做得一樣好，而不在「規定動作」的基礎上不斷發掘做到能人所不能，就很難實現不斷再上一層樓的目標了。

每一次都盡力超越上次的表現，很快你就會超越周遭的人。

人在自然界看來似乎不佔優勢，因為他的力氣比大象、老虎小，他的奔跑速度不及獵狗、野馬，他們的視覺不如鷹，嗅覺不如狗，聽覺不如羚羊，他們不能像鳥兒在天上飛，不能像魚兒在水裏游……但是最終還是人類統治了地球，這是什麼原因呢？

因為人有智慧，人的智慧可以使人超越自己身體的局限和不足，能夠不斷地超越自己。無數事實和許多專家的研究結果告訴我們：每個人身上都有巨大的潛能沒有被開發出來。美國的學者詹姆斯據其研究結果說：「一般人只發揮了人潛力的十分之一。與應當取得的成績相比，我們只運用了我們身心資源很小的一部分……。」

既然每個人的自身都蘊藏著巨大的潛能，那麼要想超越周圍的人，就必須不斷實現自我超越，唯有如此才能在資質差不多的人群中凸顯自己。

拿破崙的成長就是一個不斷實現自我超越，並最終超越其他人的過程。拿破崙在學校讀書時，簡直笨得出奇，不論是法語還是別的外語，他都不能正確地書寫，成績也一塌糊塗。而且，少年的拿破崙還十分任性、野蠻。在他的自傳中，曾這樣寫道：「我是一個固執、魯莽、不認輸、誰也管不了的孩子，我讓家裏所有的人感到恐懼。受害最大的是我的哥哥，我打他、罵他，在他未清醒過來時，我又像狼一樣瘋狂地向他撲去。」不僅如此，拿破崙還襲擊比他大的孩子，臉色蒼白、體態羸弱的拿破崙卻常讓他的對手不寒而慄。他的家人恨鐵不成鋼，而外人則對他以流氓相待。

但是，在得不到鼓勵和誇獎的拿破崙眼中，卻有著一股暗流般的力量在胸中流淌。他朦朧地意識到自己的與眾不同，然而他還未真正地認識它。而且他心中有一種狂妄而任性的想法：那些自己想得到的東西，都可以受自己支配。

逐漸長大的拿破崙開始漸漸成熟起來。他常沉溺於同年齡人所無法想像的冥思苦想之中，他又瘋狂地迷戀著各種複雜計算，他已學會用冷靜而徹底計算的理智，很好地控制自己的行動。他驚奇地看到自己表現出來的出色思考力，第一次真正地認識了自己。他的行動變得果斷而敏捷，富於抗爭精神。一種嶄新的渴望點燃了他生命的熱情，終於有一天，他明白無誤地告訴自己：「是的，我具有出色的軍事家素質，權利就是我要得到的東西！」清醒的自我意識一旦形成，便發揮出巨大的推動作用。拿破崙在成功之路上連戰連捷，年僅三十五歲就成了法國皇帝。

拿破崙的奮鬥過程說明：不斷超越自己，不僅包括物質上的、形式上的，它也包括意識上的不斷超越，不斷地認識自我、超越自我的過程。每個人都要先不斷地認識自己，才能每天超越自己一點點，最終實現超過所有人的目標。

許多人被成功拒之門外，並不是成功遙不可及，而是他們不能發現自己，主動放棄，認定自己不會成功。事實上，只要每天規定自己一定要超越自我一點點，成功便會出現在你眼前。每天超越一點點也不是不可能實現的事情：

1、主動追求

要獲得卓越成就，就應該主動追求。念頭積極了，你才會摒棄懶散的習性。你必須讓潛意識充滿積極的想法，無論任何狀況，你都要超越自我。

2、**踏實認真**

許多人一生中懷有相當多的抱負，但往往都不願意腳踏實地去做。如果你認為卓越的成就可不費吹灰之力而獲得，那當你遭遇挫折時，你便會很容易怨天尤人，把責任推給別人。俗話說：「天下沒有不勞而獲的東西，也沒有空手可得的成功。」你要成功、成名，就必須經得起長久的付出與持續的努力。

3、創造新的自己

在追求的過程中，一定會有許多困難阻撓我們。如果缺乏應變能力，那我們便不容易突破瓶頸，反而會被逆境打倒，因此要時刻革新自己以應對「花樣百出」的苦難。

4、實現精神超越

超越自我，包括物質上的和精神上的。兩者同樣重要，不可偏頗。

5、相信自己

無論在什麼情況下都要對自己深信不疑，否則別說超越別人，就連自己也不會超越的。

每次你多做一些，別人就輸你一些。

一個不能把心思用在工作上的人，永遠只是個小角色；一個用力去做工作的人，只能說他還稱職；而只有用心去工作的人才能達到優秀。這裡所說的「用心」，不單要把心思全部放在工作上，而且還要積極主動地去思考、去創造。任何公司都需要用心工作的人，而這樣的人才能受到公司的青睞。

一項來自著名貝爾實驗室的調查發現：優秀員工與普通員工的主要區別，就在於是否具備主動性。在工作中我們不難發現：優秀員工往往願意接受新的挑戰且承擔風險，他們在做好份內工作的同時，也會關注工作以外的事務；他們一旦確定了自己的目標，就能夠堅持去完成它；在能力允許的情況下，他們樂意為同事提供幫助。

安迪和亨利同時進入一家公司時，都是沒有經驗的工程師。整整半年時間，經理安排他們早上聽課，下午完成工作任務，希望他們在半年時間裏完成與公司的磨合。接下來的時間，安迪與亨利不言而喻地成為競爭對手。每天下午，只要上司沒有特殊指示，安迪都會留在辦公室裏，閱讀技術資料，學習一些日後工作中可能用得到的軟體程式。當有同事請他幫忙，都會被他拒絕：「對不起，這不是我的工作，你的工作應該靠自己完成。」他內心急著想一下子提高自己的專業水準，能在短時間內超越亨利以爭取自己的未來。

雖然亨利與安迪的起點相同，但是心態有所不同。亨利覺得一個人到了新的環境，工作素質是一方面，但是學習經驗、融入團隊也很重要。於是，在工作上他就朝著這方面發展，每天下午他也會花一定的時間看資料，剩下的時間則用在向同事們介紹自己和詢問與他們工作有關的一些問題。當同事們遇到問題或忙不過來時，他都主動去提供幫助。當所有辦公室的軟體要升級時，每個員工都不願來做這項瑣碎的工作，也沒有人指定亨利去完成它，但是亨利卻主動承擔下這項工作，這使得他不得不犧牲休息時間來加班。當他在不影響自己工作的同時，終於做完了這項工作時，既沒有得到上司明確的讚賞也沒有得到同事的認可，甚至很多同事都把他當作廉價勞動力。但是，亨利的大智若愚就在於此，在這項工作中他不但很快熟悉了公司的業務，而且也得到了人際關係的良好拓展。很快，半年過去了，安迪和亨利都很出色地完成了經理的安排。經理在他們的工作評述中寫道：「從技術上說這兩個新人都很出色，安迪還稍顯優勢；但從整體素質上看，亨利則明顯勝出一籌。」亨利透過自己的努力已經贏得了公司上下的認可。

而安迪百思不得其解，為什麼大家更為接納的是亨利而不是自己？自己的業務水準更好呀？此時，經理也適時的找他談話：「公司是一個團體，需要員工有專業水準之外還要有團隊精神，亨利在這方面無疑做得很好，他是一個有主動性的員工，能夠承擔自己工作以外的責任和風險，而這些都是你所忽略的。」聽完經理的話，安迪似有所悟，但他還是不服氣。做一個獨行者有什麼不好，能夠堅持自己的想法或項目並能夠很好地完成它難道不重要嗎？沒人要求我收集最新的技術資料或學習最新的軟體工具，但我做到了，這難道不是主動嗎？安迪心想：「我要用成績來說話，因為我的目標是做亨利的主管。」

轉眼一年過去了，結果再次讓安迪失望了。亨利憑藉他的積極主動完成了上司交辦的各項任務被晉升為主管，而成績同樣優秀的安迪卻與晉升失之交臂。最後，安迪終於明白：公司需要的優秀員工要有主動性，但主動性不僅僅表現在使自己的工作出色，更意味著要做更多的事情，使更多的人受益，並且使公司得利。從此以後，安迪開始轉變自己，盡可能多的去做事，為自己累積了更多的人氣和更強的經驗、能力；最終憑藉自己的聰明能幹，一年後創造了很多佳績，並得到升職。

積極主動的人往往更容易在職場中獲得成功，因為主動性能夠產生很強的自我意識，使他們在努力工作時能保持積極的自我評價、自我控制以及自我期待，所以更容易抓住轉瞬即逝的機會；一般人只發展了他自身所蘊藏潛力的十分之一，與他應當取得的成就相比，只不過發揮了一小部分的能量。其實具備了自我意識，才能知道自己到底是個什麼樣的人，能夠成就什麼樣的事業，進而找到機會實現價值。

在職場中多做事，絕對不是呆子、傻子的做法，恰恰相反是一個人高智商的表現，你做的越多、學的越多，別人做的越少、輸你的就越多，從某個角度上說，做的少的人是將自己的無形資產毫無條件地轉讓給了別人。而那些只會耍小心眼、小聰明，絕不多做份外一點事的人，永遠不能成長為職場上的巨人。

別人的錯誤不是你犯錯的藉口。

有這樣一段對每個人都很有啟發的話：「別人流血，自己得到教訓，這是代價最小的教訓；自己流血，自己得到教訓，這是代價最大的教訓；自己流血，別人得到了教訓，自己還沒有得到教訓，這是最可悲的教訓。」

我們還可以這樣引申一下：別人錯誤，自己得到教訓，這是代價最小的教訓；自己錯誤，自己得到教訓，這是代價最大的教訓；自己錯誤，別人得到了教訓，自己不但沒有得到教訓，還以此為自己犯錯的介面，這是最最可悲的教訓。

凌晨兩點鐘了，約翰剛剛從朋友的聚會上驅車回家。當他經過一個十字路口時，這時黃燈已轉成紅燈，他心想反正沒車，於是加速衝了過去，結果不巧被員警攔了下來，員警問他：「你沒看到紅燈嗎？」「有啊！」他答道。「那你怎麼還闖紅燈啊？」員警又問。

他說：「我以前凌晨兩點坐計程車或者別人的車，他們從來都不看紅燈，只是看著路上有沒有行人和車子！」員警無可奈何地說：「別人錯你也就跟著錯嗎？別人徇私枉法你也去殺人奪貨嗎？」

很多人都常想在生活中、工作中取巧，以為神不知鬼不覺，殊不知我們所做的事是天地皆知，無所隱藏的。回想一下近日的生活，是否每件事都可以攤在陽光之下，而不再找藉口及理由來欺騙自己將它合理化。這些事情中，又有多少是在看到別人犯錯，覺得別人都錯了，自己為什麼不能錯的態度指示下做出來的呢？

藉口是一個很普遍的問題。每個人在自己犯了錯誤的時候都會不自覺地尋找藉口，其實質就是因為，許多人在看到別人犯錯、特別是犯錯沒受到懲罰時，內心十分不舒服，因此通常會想：他可以錯，我為什麼不可以？一旦為自己找到了這樣的藉口，犯錯的步伐就離自己不遠了。

為失敗找一個藉口，這是我們發現的一種鎮痛良藥。小時候跌倒了，媽媽說：「寶貝不哭，媽媽為你打這塊地，打這雙壞鞋。」大概就是從那個時候起，我們明白了有一種推卸很受用，有一種解脫很愉悅。於是，當那種錐心的痛再次襲來時，我們便乖巧地閃身，躲進一個叫做「藉口」的硬殼裏，就像寄居蟹躲進螺殼中，在一方安謐的天地中，冷眼觀看惡浪又掀翻了誰的夢想。

有這麼一位仁兄，他天天到湖邊去釣魚。但不知什麼緣故，他總釣不到大魚。釣友們譏笑他說：「你回去幼稚園吧？」他臉孔紅紅，卻硬著脖子講出一個讓人倒下的緣由：「你們懂什麼？我們家的人只喜歡吃小魚，不喜歡吃大魚的！」

這個人真的是不喜歡吃大魚嗎？當然不是，只是他不能正視自己的缺點和問題，這種人是最容易被「藉口」絆倒的人。

錯誤無時無刻在每個人身上都有發生，如果一味地將別人犯下的錯誤作為自己犯錯的藉口，試想一下，這個世界還會有正確的事情發生嗎？不管是誰犯的錯誤，都是已經過去的、很難挽回的事情，正確看待錯誤的做法不是一味嘆息、一錯再錯，重要的是吸取教訓，避免現在以及將來再犯類似的錯誤，這樣才能積極地面對生活、面對事業，才能擁有絢麗多彩的人生。

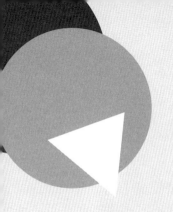

第二章　哈佛大學告訴你：

學習是永遠不會過時的事

俗話說：「活到老、學到老。」這句話透露出學習是人一輩子的事情，永遠都不會過時。正所謂：「學而不思則罔，思而不學則殆。」這裡的「學」，就是接受知識，這裡的「思」，就是深入思考，並且根據自己已經有的知識、經驗對其進行發揮，有所創新。這句話說起來很簡單，解釋起來也不難，但要具體堅持、付諸實踐，卻有很大的難度。這也是我們在學習實踐中必須貫徹執行的。

在職場學習要有所選擇，並不是通吃全喝最好，能夠取得所需的知識就可以了；要從他人如上司、同事的身上學習，以彌補自己的不足；知識還必須加以運用轉化才能為我們所有，否則就只是文字的堆砌；要從自己和別人的錯誤中學習；要從工作中、傾聽中學習，總之學習的途徑、方法太多了，需要我們做的就是處處留心，處處學習，不斷豐富。

你從工作中學到的，比眼前得到的報酬更可貴。

在職場中，有一個不變的真理，也是職場人必須遵循的原則，那就是：在工作中學習，在學習中工作，這是實現自己不斷發展的重要途徑。這一過程也是學會創造自己工作價值的過程，而價值等於目標加努力。

有些人步入職場後心中關心的只有薪資，其實這樣做的結果是因小失大，因為初入職場的你，事業才剛剛開始，此時重要的是累積經驗、學習進步。很多時候薪資是與能力相通的，透過不斷地學習、累積和發展到了一定程度之後，薪資也自然會達到更高的程度。如果初入職場就只看重薪資報酬而不是學習，那自己的薪資自會越看越低，因為你已沒有前進的動力。

職場新人進入企業，過度過程越短，與企業融合的越快、發展的就越快。這個過度過程時間的縮短，要靠新人自己的努力，別人只能幫你而不能替代你，所以主動學習才是關鍵，實現在工作中學習，在學習中工作：

1、要在工作中學習並深入瞭解公司的企業、部門狀況。

有人認為這是入職前的工作，但是入職前身為一個門外漢很難切身體會一些深入的事物，也就難有深刻的理性認識，只能停留在一般人的感性認識上。因此，入職後，還是要深入瞭解行業情況？自己還需要補充哪些技能？熟悉公司內部的組織結構、熟悉工作環境、累積職場經驗，加緊學習職業技能，提高自己的核心競爭力……這些都需要花大力氣、下大功夫去學習。

2、透過學習，在工作中找到突破口。

這就要在工作中學會適應艱苦、緊張而又有節奏的工作生活，適應制度、適應公司風格。同時明瞭自己的職業，不斷累積經驗提升能力，為今後的職業發展打下一個良好基礎，形成一個有延續性的職業發展歷程。

3、向自己的上司或同事學習，提高解決問題的能力。

出入職場不能好高騖遠、自命不凡，對有些事情不屑去做，總認為自己應該去做更大、更重要的事情，而且期待高薪高職。當然這些都沒有錯，但重要的問題是：必須要做好目前職位的工作，讓你的老闆或上司發現你有培養的價值，而且因為你出色的成績讓他們不斷做出提升職位的決策，最後成為公司不可或缺的人才。

4、**努力學習，先做適者、後做能者，因為適者生存、能者成功。**

職場如戰場，這場沒有硝煙的戰爭不會有永遠的贏家和輸家。對新人來說，沒有工作經驗，缺乏實踐，這是可以理解的，但是態度要正確，學習要努力，不能眼高手低，要從自我做起，腳踏實地，紮穩根才會枝繁葉茂。

5、**學會妥協，是職場制勝法寶。**

學會妥協，無論什麼樣的工作都表現出積極主動的態度和行動。認真克服自己的抵觸心理，學習自己不喜歡領域的知識。

6、**正確認識自己，擺正自己的位置。**

擺正自己的位置，就會明確自己的不足，使自己的學習更有方向性和針對性，自我提升的速度也就更快。

7、在工作中學習如何不斷提高自己的情商指數。

情商，涵蓋了自我情緒的控制調整能力、對人的親和力、社會適應能力、人際關係的處理能力、對挫折的承受能力、自我瞭解程度以及對他人的理解與寬容等等。這些都是成功職場所必須的能力。

8、在工作中學習，妥善處理人際關係。

與周圍同事處理好關係，同事們不僅可以幫助你、指點你、向你傳授經驗，有利於自己的學習和進步。處理好人際關係就要學會謙虛、熱情、誠懇待人，以交朋友的方式處理與周圍同事的關係。這樣才不會樹敵太多阻礙自己的發展。

總之，活到老，學到老。當今社會競爭激烈，學習不但是一種心態，更應該是我們的一種工作和生活方式。不學習的人就不會提高、不會進步，也就毫無競爭力可言，那麼日後自己的高薪夢想也就自然難以實現了。

傾聽才能學習，說話無益。

「唯一持久的競爭優勢，是具備比你競爭對手學習得更快的能力。」這是殼牌石油公司企劃總監德格的箴言。企業的任何一個員工都有必要培養和提高自己的學習技能，不斷拓寬知識面，從多方面豐富、提高自己，成為學習型的員工，這無論對企業還是對員工都是至關重要的。而提高自己的學習能力，多聽少說，多留意少評論是搜集和掌握知識的很好途徑。

一個故事流傳千年，卻依然興盛不衰，因為它道出了真諦。

曾經有個小國的使者來到羅馬，進貢了三個一模一樣的金人，金碧輝煌，羅馬國王很高興。可是這小國的使者不厚道，同時出了一道題目：這三個金人哪個最有價值？

國王想了許多的辦法，請來珠寶匠檢查，稱重量，看做工，都是一模一樣的。怎麼辦？使者還等著回去彙報呢。泱泱大國，不會連這個小事都不懂吧？

最後，一位民間的智者說他有辦法。

國王將使者請到大殿，智者胸有成足地拿著三根稻草，插入第一個金人的耳朵裏，這稻草從另一邊耳朵出來了。第二個金人的稻草從嘴巴裏直接掉出來，而第三個金人，稻草進去後掉進了肚子，什麼也沒有出來。智者說：「第三個金人最有價值！」使者默默無語，因為答案正確。

這個故事告訴我們，最有價值的人，不一定是最能說的人。老天給我們兩隻耳朵一個嘴巴，本來就是讓我們多聽少說的。善於傾聽，才是成熟的人最基本的素質。

小貓越來越大了，貓媽媽正在思考什麼時候讓小貓自己獨立出去生活和覓食的問題。有一天，貓媽媽把小貓叫來，說：「你已經長大了，三天之後就不能再喝媽媽的奶了，要自己去找食物吃。」小貓惶惑地問媽媽：「媽媽，那我該吃什麼食物呢？」貓媽媽說：「你要吃什麼食物，媽媽一時也說不清楚，就用我們祖先留下的方法吧！這幾天夜裏，你躲在人們的屋頂上、樑柱間、陶罐邊，仔細地傾聽人們的談話，他們自然會教你的。」第一天晚上，小貓躲在樑柱間，聽到一個大人對孩子說：「小寶，把魚和牛奶放在冰箱裏，貓最愛吃魚和牛奶的。」第二天晚上，小貓躲在陶罐邊，聽見一個女人對男人說：「老公，幫我一下忙，把香腸和臘肉掛在樑上，小雞關好，別讓貓偷吃了。」第三天晚上，小貓躲在屋頂上，從窗戶看到一個婦人叨念自己的孩子：「乳酪、肉鬆、魚乾吃剩了也不會收好，貓的鼻子很靈，明天你就沒得吃了。」牠高興地對媽媽說：「媽媽，您可真有智慧，我每天堅持傾聽，果然每天都能得到有利於我的答案。」

就這樣時間一天天、一年年過去了，靠著傾聽別人的談話，學習生活的技能，小貓終於成為一隻身手敏捷、肌肉強健的大貓，牠後來有了孩子，也是這樣教導孩子：「仔細地傾聽人們的談話，他們自然會教你的。」傾聽的能力成了這個貓咪家族的生存法寶。

傾聽之所以重要就是因為，它可以保證你學到前所未有的知識和能力，幫助提高自己。學習對於每一個職場人員都至關重要。職場就像是一個沒有硝煙的戰場，又像是一個電子產品市場，更新換代的速度很快。今天不學習，不充實自己，某項新的知識沒學到、沒學會，也許明天被淘汰的就是自己。

因此知識、經驗和工作的技巧，對於一個人的成長是極為重要。聰明的員工會掌握每個學習機會、發展技能以及尋求挑戰的任務。

學習無時無刻不在，在工作中學習，最重要的就是傾聽。唯有多聽、多想，才能在工作中每天出現的新情況、新挑戰、新事物加以瞭解和熟知，做到學習與工作相伴，工作就是學習，這樣才能天天有進步，天天有機會，工作才會富有生機，事業才會有所發展。

投資未來的人，是忠於現實的人。

說到投資，人們通常會覺得是資本形成的，是在一定時期內社會實際資本的增加。隨之一起浮現在腦海的還有廠房、設備、存貨和住宅。其實投資有很多方面，對未來的投資即對自己的投資、對知識的投資在當今社會已顯得越來越重要了。

靜止是相對的，運動是絕對的，地球每天都在轉動，社會每天都在發展變化，人也是每天都在遵循著漸漸老去的變化。

在這個資訊社會，知識爆炸，科技發明，生產和工作方式日新月異，每個人的知識都需要隨時更新，今天的知識肯定跟不上明天的發展速度，因此不斷學習才是保障自己的唯一途徑。這就需要每個人在忠於現實的基礎上投資未來，顯然在未來投資中，學習投資是最為重要的。因為知識存在自己的腦子裏，它只屬於你自己一個人。

一位經理從不講求自己的學習，就更別說投資未來了。人到中年的他突然因為忙於對帳而焦頭爛額，所以他決定向一位財務顧問請教。這位經理與一位備受尊敬的財務顧問約好要去拜訪他，這位顧問的辦公室坐落在公園大道的一棟豪華大樓裏。經理走進了顧問精心裝飾的接待室。令人驚訝的是，經理並沒有見到接待小姐，而是見到兩扇門。一扇上面寫著「被雇用人士」，另一扇寫著「自雇人士」。他走進「被雇用人士」的門，在裏面又見到兩扇門，一扇上面標著「年薪超過八萬美元的人」，另一扇為「年薪少於八萬美元的人」。這位經理的收入少於八萬美元，所以他就走進了這扇門，卻又見到另外兩扇門。左邊一扇上面寫著「每年存四千美元以上的人」，而右邊則是「每年存四千美元以下的人」。因此他走進了右邊的門，卻驚訝的發現他又回到了公園大道。這位中年經理一時摸不著頭緒，隨即又搖頭嘆息起來。

這是一個痛苦卻顯而易見的現實：故事中的經理永遠都擺脫不了窘境，除非他選擇打開另一扇門。故事的含意在於，其實大多數人都和經理那樣—他們會選擇打開把他們帶回起點的門。人們得到不同結果的唯一途徑是打開不同的門，對嗎？

很多人畢業於名校，學歷也夠高，但是往往多年後，他們變得很窘迫，就像上述那個經理，原因如下：首先，他的知識已經嚴重老化了，他的工作和環境都決定了他已經無法觸摸到當今世界的脈搏。早年學的那點東西可能早就拋到九霄雲外去了，不懂電腦，不懂英語，不懂網路，按照現在的標準，差不多是文盲了，所以徒有一張十多年前的知名學校文憑又有什麼實際用處呢？

正如一句名言：「如果你一直在做你過去所做的，你會一直得到你過去所得到的。」因此人要懂得投資未來，這其中對自我的教育投資才是最保險的投資。

很多人也許會想到對股票、固定資產，或其他形式的財產等方面進行投資。而實際上，最有益的投資是自我投資，即對那些能夠增加精神力量和效益的學習和訓練進行投資。凡是有智慧的人都知道，這種投資在五年以後會有多麼強大，並不是取決於它們未來五年做些什麼，而是取決於今年它們做了些什麼，投資了什麼。要得到利潤，要想在將來得到高於「正常人」收入的額外收入，你必須對自己進行投資。成功人士從不吝惜於對自我的投資，即為教育的投資和為開動自己思想機器進行投資，因為他們知道這會在將來給自己帶來可觀的利潤。

確實，教育是一個人對自己進行最重要的投資。**一張文憑或學位也許能夠幫助你在畢**

業時找到一份滿意的工作，但它不保證你能在工作上取得進步。職場最注重的是能力，而不是文憑。對某些人來說，知識意味著一個人腦子裏儲藏有多少資訊，能轉化成哪些能力。

真正值得投資的是，那些能開發和培養你思維能力的事物。一個人接受教育程度的高低，是要看他思維能力得到了多大的開發，而能改善思維能力的就是接受教育，接納知識。因此對未來最好的投資就是，進一步開發自己的大腦思維，不斷地儲存知識，轉化知識，而不是為了一張文憑去學習，才是忠於現在對將來進行最保險的投資。

不一定把所有的知識都記在心裏，能夠取得所需的知識即可。

人們常說：「缺什麼想什麼，吃什麼補什麼，亂吃一通什麼也補不了。」職場人士的知識學習、繼續教育也是如此。

現在的職場人士對充電學習簡直是瞭若指掌，這已經成為繁忙工作之外，最重要的生活內容。每個人都有感受，隨著社會的發展，職場競爭越來越趨於白熱化。已經在職的員工，為了飯碗能端得牢靠，競相忙著充電，有證必拿。很多人這種不斷學習補充自己的動機是沒有錯的，但是沒有任何選擇和規劃的盲目學習就不對了，誰也不能把自己塑造成一個「萬金油」似的人才，術業有專攻，還是要在自己的專業上下功夫，做到能人所不能，這才是明智之選。因此不一定要把所有的知識都記在心裏，能夠取得對自己專業和事業有幫助、有發展的知識即可。

縱觀商界、職場的各路菁英，他們都是盡可能多地瞭解自己領域的專業知識，以此為主而不是以成為「大英博物館」似的人物為目標。因為成功的基礎之一，就是自己對即將從事的領域擁有深入的瞭解，或者說某一領域的專業知識。缺乏對所從事行業的瞭解，往往是導致失敗的主要原因之一。

炸薯條的技巧，居然能夠成為一個世界五百大企業帶頭人要學習和研究的知識，不可思議吧！但是，在購買麥當勞前，為了發現麥當勞兄弟美味的炸薯條秘密，雷・克羅克不停地尋找，就像一個偵探在搜尋線索一般。

後來，他不斷地改進方法直到滿意為止。他的努力得到了回報，麥當勞今天如此受歡迎的原因之一就在於它美味的炸薯條。雷・克羅克之所以這樣做，是因為他未來的事業要在這項技能上去突破，他需要這些知識。

很多成功人士從不把在學校時間多少，與學問高低混為一談，有些人在學校念了很多年書也沒有什麼學問；有些人念書不多，但學問卻非同小可。因為他們的關注點是不一樣的：能獲得成功的人，關注的是他們所學到的知識能為他們帶來什麼？而大多數人關注的是他的文憑能為他帶來什麼？

其實，實質的區別在於成功人士只取得那些對自己有用的知識即可，而不是將精力全部放在「博覽」所有知識上，因此他們可以有更多的精力研究自己領域內的東西，自然更容易取得成果。

麗娜與蘇珊是從小一起長大的好朋友、好鄰居、好同學。但是兩人的天賦相差甚遠，麗娜生的美麗漂亮、聰慧靈敏，而蘇珊則顯得普通，且有些呆板。從小學到中學，麗娜一直是班上的幹部，而且是同學心目中的偶像，因為她就像是一本百科全書，別人談論的所有話題她都要參與其中，別人知道的所有知識（但凡是自己還不知道的）她都要獲取，哪怕是男同學談論的球賽、球員、軍事、地理，她也要購買相關書籍、查閱相關資料，為的是下次的討論，自己能以「專家」的身分自居。

蘇珊則不同，她總是默默地做著自己喜歡的事，除了數學，她從不指點別人，也不會主動參與自己不熟悉領域的討論。有時候同學們都覺得她什麼都不會，是個不靈光的人。

十多年以後，大家驚訝的發現：原本同學們給予厚望的麗娜只是在一個小小的雜誌社任職，且不被同事們所喜歡，因為沒人喜歡她「萬事通」的性格和做法，尤其是在職場，因此她的發展很一般。而蘇珊則出乎意料地成為著名大學的教授，她曾師從於諾貝爾數學獎獲得者，在數學界也已小有名氣。回想以前的二人，同學無不感慨。

是呀，我們生活在快速變化的時代，今天我們發現有用的東西明天可能就過時。托普勒曾經這樣寫到：我們現在生活在一個為我們提供無限機會的年代。傳統作用對我們的影響越來越小，我們無論年齡大小，都面臨無數條新的路徑。

為了跟得上快速變化的時代，每個人都必須保持警覺，渴望成功的人必須不斷地學習各自領域的知識，生活在好奇心和奇想之中，維持自己學習的願望。注意：是學習各自領域的知識，而不是像上述案例的麗娜，什麼知識都想掌握，其結果就是那種知識也不專、也不精，泛泛的瞭解而已。

若想在職業道路上走的遠、走的穩、走的深入，就必須將有限的精力投入到自己事業發展相關的知識學習上去，而不是漫天撒網似的學習。

知識必須加以運用，才能產生力量。

「知識就是力量。」培根的這句至理名言已放之四海而皆準。但是隨著社會的發展，知識已經漸漸成為基礎，能夠運用知識使之產生力量才是最終的目標。

現在人們更多強調的是能力，能力最穩固的基礎是對知識的掌握。知識掌握的越牢固越豐富，就越容易激發人的能力。當然這也不是絕對的，擁有了知識還要將知識加以運用才能產生力量，而這一過程就是能力的展現。

現代化管理學主張對人實行功能分析：能，是指一個人能力的強弱，長處短處的綜合；功，是指這些能力是否可轉化為工作成果。結果表明：寧可使用有缺點的能人，也不用沒有缺點的平庸的「完人」。可見，只有能夠將知識轉化為工作成果的人，才是企業真正需要的人才。

這樣的人才必須學會學以致用。學習的目的、掌握知識的目的就是為了應用，是為了解決實際問題。如果讀了許多書，學了許多知識，只是把它奉為「教條」，束之高閣，或者用來裝潢門面，或者藉以嚇人，那是毫無意義的。唯有如此，知識才能被轉化為推進社會進步的力量。

在學校所學的東西不是用來應付考試的。要真正把所學來的知識消化吸收為自己的營養，應用到工作實踐中去，才能印證知識就是力量的道理。

學以致用需要多思考，多實踐。只有多思考，才能發現所學東西的真正價值，知道怎樣用才能最有效。多實踐，就要多動手，多行動，總結出更好的方法，這樣就能起到事半功倍的效果，從而更快地提高自己，獲得最後的成功。

很多人總是認為，那些成功的人之所以取得成功主要在於幸運，在於機遇。但機遇是偏愛有頭腦有準備的人，羅伯特的成功就驗證了這一點。

曾有一個商人問羅伯特：您的成功是靠什麼呢？

羅伯特非常肯定地回答說：靠學習、不斷地學習，並把所學的東西充分地運用到實踐中。羅伯特小的時候非常喜歡讀書，後來他來到紐約做推銷工作，他沒有忘記學習，他一邊賺錢養家，還不忘一邊博覽群書。小說，文、史、哲、經濟、科技方面的書他都喜歡讀，因為他要瞭解前沿思想理論和科學技術。最終他成為一顆耀眼的商界明珠。

成功之後的羅伯特曾經深有體會的說：曾經在興趣的支撐下努力地吸取知識的養分，心理十分驕傲，因為當別人的時間都用去消磨的時候，自己正在踏步的前進，學問也日漸增長。

可以說能有事業後來的成功，是因為能夠把所學的知識都很好地運用到工作中。實踐證明，不斷地累積知識並將其運用在日後的工作中，是每個人成功的秘訣。

正由於羅伯特刻苦勤奮、不停的學習，並學以致用，才能使他獲得了成功。

可見，學以致用、將知識轉化運用是一種走向成功的能力，是一種使自己更輕鬆前進的智慧。而不善於學習、不善於把知識變成能力的人，就會像無頭的蒼蠅四處亂撞，就會華而不實，很難獲得真正的提升。

這樣子的人，終其一生難成大事。所以，身為青年人，就要不斷地提高自己學以致用的能力。

身在職場不斷累積知識固然重要，但將所學到知識消化後為自己所用更為重要，使自己掌握的知識轉化為能力，在不斷的創新中把所學知識用到實際中，這才是最終實現了學習的目的。

努力把事情做的比別人更好，你就會擺脫財務的困擾。

在每個人的職業生涯中，職場人士都承擔著巨大的壓力。這其中最普遍最容易使人不理智的大概就是自己的薪水問題。薪水影響著自己的財務狀況和生活品質，很多職場人士都不能擺脫財務困難問題，並在此問題上消耗了大量精力。有一個很好解決此問題的辦法，就是「目標轉移法」，即將自身的工作做的比別人好，使得自己的薪水不得不漲，也就用不著整日為財務狀況而困擾了。

農夫家裏養了兩頭牲口，一頭驢子、一頭騾子。驢子身材矮小，雖然不像騾子那樣身強體壯，但牠卻生性乖巧，工作非常踏實，尤其拉起磨來特別賣力，就是讓牠整天的做，也沒有半句怨言；騾子長得又高又大，身強力壯，做起事來好像總有使不完的力氣，對拉磨、耕地這種工作根本不放在眼裏。平時，牠們都做一樣的事，驢子拉磨，騾子也拉磨。

由於磨房比較狹窄，騾子的力氣也施展不出來，牠們磨出的麵粉也差不多。但是吃起飼料來，騾子吃的卻比驢子要多很多，驢子覺得很不服氣。

於是，驢子決定去找主人論理：「主人啊，你看我和騾子做一樣的事，為什麼牠吃的就要比我多呢？」主人笑著說：「驢子，你說的很對，騾子吃的是比你多，但你想過沒有，有的時候騾子做起事來你是比不上牠的。」驢子心生疑惑，覺得主人偏袒騾子，因為自己實在沒發現騾子哪裡比自己強？

為了使驢子明白這其中的原因，主人想出了一個辦法。有一天，主人把驢子和騾子叫到一起，告訴牠們：「伙計們，今天我們要將前幾天磨好的麵粉馱到集市上去賣，你們每位馱二百斤。」驢子聽了，不屑地說：「二百斤算什麼，上次我還馱過二百五十斤的小麥呢！」騾子也二話沒說，馱起麵粉就朝集市方向趕去。原來牠們今天要去的集市要比驢子上次去過的地方遠很多，從天還未亮就出發，牠們先越過兩座大山，又渡過一條大河，剛開始驢子覺得還很輕鬆，但隨著路途不斷地加長，驢子覺得自己背上的麵粉越來越重了。再看看騾子，從一開始到現在都好像很輕鬆，嘴裏還不時的哼上兩首小曲。面對眼前又一座大山的時候，已經汗流浹背、氣喘吁吁的驢子終於累倒了，再也爬不起來了。看著驢子的可憐樣子，騾子二話沒說，從驢子背上取下麵粉放在自己的背上。甚至還半開玩笑地對驢子說：「小兄弟，走吧。」看著騾子此時的工作狀態，驢子終於知道騾子比自己吃的多的原因了。

這個故事告訴我們，每個人的薪水問題都是與自己的能力有關係的。上述故事中驢子與騾子之間能力的比較很容易確定，但在企業管理中，什麼是能力？誰應該得到更高的薪水呢？

有人認為能力應該是服務時限和工作成績，這是將員工的能力間接地與工作年限和工作績效相等同。也就是說，員工工作年限越長、員工年度工作成績越好，就說明該員工的能力就越高。但員工成績只能代表員工的過去，但設立薪水的目的在於肯定員工的能力，希望透過對員工能力的評估，使員工能認識到自己的能力在哪些方面還不夠，需要進一步努力，在哪些方面可以勝任職位的要求。

還有人認為：能力＝態度＋綜合知識＋學歷，說員工的能力是透過良好的職業素養、全面的職位綜合知識，和員工曾經受到的教育狀況表現出來的，員工的職業素養越好、職位綜合知識越全面、學歷越高，就說明該員工的能力越強。其實，在我們看來，就態度也好、職位綜合知識也好、還是學歷也好，對公司來講很難用量化的資料說明究竟職業素養能值幾分？或者是說職位綜合知識能起到多大的作用？僅僅是在非常主觀的基礎上做出的一種簡單判斷，既然是這樣，那麼評估的結果就一定能夠代表員工真實的能力嗎？看來值得進一步商榷。

不論能力＝工作年限＋工作業績，能力＝職位知識＋職業素養＋學歷，還是能力＝工作成績的做法，都是透過間接的方式對員工能力進行評估的。這些都是公司在做薪水制度時要考慮的。

從員工自身的角度來講，要想得到高薪水，有一點是毋庸置疑的，就是要做的比別人好。若想比別人做的好就要付出很多精力，在你將所有經歷全放在工作上時，就很少再有精力去關注自己的薪水，也就不會分散太多精力考慮自己的財務困擾。長此下去，你就會慢慢發現，自己的薪水已經伴隨著自己做的越來越好的過程，變得越來越高了，財務困擾的問題也就自然逐步的加以解決了。

你在工作中學到的越多，賺得越多。

職場成長的第一要素就是學習。從工作中學到的東西越多，那麼為成長累積的財富就越多。因此職場成長的秘訣就是勤奮，正所謂「勤能補拙」、「勤奮可以創造一切」，有人認為現在時代已經變了，勤奮已不再是在職場中乃至商戰中成功的法寶了，另闢蹊徑也許來的更快些。實則不然，因為成長的前提是學到東西，只有勤奮能幫你獲取更多。

初涉職場的年輕人都有這樣的感覺，自己做事都是為了老闆，為老闆賺錢。其實，這是情理之中的事。如果老闆不賺錢，你怎麼可能在這家公司待下去呢？

但也有些人認為，反正為人家工作，能混就混，公司虧了也不用我去承擔，甚至還扯老闆的後腿。其實，這樣做對老闆、對你自己都沒有好處。

事實證明，勤奮的人能從工作中學到比別人更多的經驗，而這些經驗便是你向上發展的踏腳石，就算你以後換了工作，從事不同的行業，豐富的經驗和好的工作習慣也會為你帶來助力，你的敬業精神也會為你的成功帶來幫助。因此，把敬業變成習慣的人，從事任何行業都容易成功。

正如英國畫家雷諾茲所說：「天才除了全身心地專注於自己的目標，進行忘我的工作以外，與常人無異。」

美國的開國元勳之一亞歷山大・漢密爾頓也說過：「有時候人們覺得我的成功是因為天賦，但據我所知，所謂的天賦不過就是努力工作而已。」

有些人天生就具有勤奮工作的精神，任何工作一接手就廢寢忘食，但有些人則需要培養和鍛鍊勤奮工作的精神。如果你自認為勤奮的精神還不夠，那就強迫自己開始勤奮工作，以認真負責的態度做任何事，讓勤奮工作精神成為你的習慣。

工作每天都有新的情況、新的挑戰，每天都要面對新事物，學習與工作相伴，工作就是學習。能夠適應工作，實現自我而不被淘汰，靠的是實力，而實力來於自身。雖說現代社會的機會很多，但是不學習的話，也會逐漸落後於社會。只要天天學習，就會天天有進步，天天有機會，工作才會有生機。

在工作中學習技能是最直接最實用的，但是工作範圍往往龐大複雜，要學的知識太多。因此要想學的更多，就要做更多的工作，這樣涉獵的知識面才能更廣泛。說到底，還是勤奮工作為基礎。

做一個勤奮工作的員工，或許不能為你立即帶來可觀的收入，但可以肯定的是，如果你養成不勤奮工作的不良習慣，你的成就就會相當有限。因為你那種散漫、馬虎、不負責任的做事態度，已深入於你的潛意識，做任何事都會有隨便做一做的直接反應，其結果可想而知。如果一個人到了中年還是如此，很容易就此蹉跎一生。當然也說不上由弱變強，改變一生的命運了。

因此，短期來看「勤奮工作」是為了老闆，長期來看還是為了你自己，為了自己賺取更美好的未來！因為勤奮工作的人才有可能由弱變強。就算工作績效不怎麼突出，但別人也不會去挑你的毛病，甚至還會受到你的影響；勤奮的員工往往是上司眼中的可造之材。任何老闆都喜歡勤奮工作的人，因為你的勤奮工作可以減輕老闆的工作壓力，你勤奮工作，老闆就會對你放心，自然會將你視為「骨幹」和「中堅」。

現代社會變得最快的是「改變」，一切都存在著變數，唯有學到的本領是不變的，因此，一定要做一個學習型的現代職場人士。不斷磨練和培養自己勤奮的工作精神，因為勤奮工作能教會你更多的經驗和知識，以後無論你身處什麼位置，從事什麼工作，這些知識都將為你所用。

知識必須經由行動產生利益，否則無用。

從一個角度上說，知識是一種無形的東西，它在人腦中指揮著人的大腦行動，透過它的指揮，讓人做出動作，這些動作作用於自然界或社會產生了積極的利益，這時候人們看到的是知識的力量。

反過來說，當知識只存於大腦中，不能經由行動將其換化成利益時，人們是不會覺得知識對人類有益的。就像幾何學，它應用於建築中，我們看到了高聳漂亮的房子，於是覺得幾何知識的力量真是偉大；但如果它沒有經過行動以「漂亮房子」的外在形式表現出來，那麼誰又能看到、感受到，或者去承認幾何知識的力量呢？

有一位漁夫，捕魚的技術超群，在整個縣城都很有名。然而漁夫年老的時候非常苦惱，因為他的三個兒子的漁技都很平庸。於是他經常向人訴說心中的苦惱：我真不明白，我捕魚的技術這麼好，我的兒子為什麼這麼差？我從他們懂事起就傳授捕魚技術給他們，從最基本的東西教起，告訴他們如何織網最容易捕捉到魚，如何划船最不會驚動魚，如何下網最容易請魚入甕。他們長大了，我又教他們如何識潮汐，辨魚汛等等。凡是我長年辛辛苦苦總結出來的經驗，我都毫無保留地傳授給了他們。可是他們直到現在，捕魚技術也沒有太大的長進，甚至還不如一般人。

一位路人聽到這裡上前問道：「漁夫先生，你一直是很細心地教給他們每一個細節嗎？」

「當然了。」漁夫答道。「為了讓他們技藝精湛，我都是耐著性子，親自教他們的。」

「那他們也一直跟隨你學習嗎？」路人又問。

「是的，為了不讓他們誤入歧途，我一直要求他們跟著我學習。」

路人說：「這就對了，看來錯在你，不在孩子們。」

漁夫很驚訝的說：「為什麼？」

路人繼續答道：「你只教會了他們捕魚的原理，卻不能放手讓孩子自己去實踐，他們不能從自己的實際行動中，將你教給自己的知識化為實實在在的利益，自然不會對你口述的技巧產生興趣，激勵作用就更不用說了，因此他們很難進步。」

知識就是力量，這期間的轉化劑就是行動。空有古語說「腹有詩書氣自華」，但是將知識轉化為實際行動的能力，還是遠遠不夠的。

來看一個十分有趣的故事。話說一個人買了五斤肉，結果回家一秤少了半斤，這事正好被五個老師知道，並執意要去找賣肉的理論。

來到賣肉的面前，化學老師先說話了：「老闆，肉是氫、氧、碳三種元素的結合，難道你的肉，氫和氧結合的太多？要知道肉是脂肪不是烴（碳化氫的簡稱）物質，怎麼一下子就揮發了半斤呢？」

政治老師也按捺不住的說：「根據唯物主義原理，物質決定意識，你賣肉短了半斤這就是物質（事實）；賣肉的人有想法這就是意識，由於你短斤少兩，所以我們來理論，這是前因後果……」

國文老師也不甘示弱，對賣肉的進行起來教育：「哦！你是樹上的黃葉，我是冷峻的秋風；你是臉上的污點，我是明亮的鏡子；你是偷偷摸摸的老鼠，我是緊緊跟蹤的攝影機；你問問你的良心，它是最公正的法官，看它怎樣發落你……」

賣肉的被這樣的架勢弄的很不耐煩，操起刀子要拚個你死我活的樣子。

這時數學老師說：「不要這樣呀，半斤肉，三十五元，還看不到一場電影，洗不到一次頭髮，還買不到一盒感冒藥……你少給半斤肉是正數，我們少了半斤肉是負數。總歸大家都是有理數，不要做無理取鬧的事情嘛！」

賣肉的哪裡聽的懂，於是將國文老師按倒在地，這可嚇壞了英文老師，她用英文大喊了一句，然後扶起國文老師，喊大家走。走到半路，她說：「我用英語罵他是頭豬，知識就是力量，一個賣肉的哪裡懂。」

這是一個極具諷刺意味的故事，五位老師掌握的知識涵蓋面可謂廣泛了。但他們卻不知道知識不是不分場合搬出來就能解決問題的，它需要轉化，需要通過行動去證明。因此，我們在職場中學習到的知識，絕不是那些翻閱書籍、翻開字典或是打開搜尋引擎就能找得到的，我們要將其轉化為能夠幫助自己工作，和自己發展的具有實際意義的利益，發揮知識的力量。

第三章　哈佛大學告訴你：

失敗是獲取經驗的重要方式

失敗是成功之母，為何這樣說？因為失敗是我們獲取經驗的重要方式。

居禮夫婦從數以噸計的鈾礦渣中僅僅提煉出不足一公克的鐳，而愛迪生在做了二萬多次試驗才找到適合做白熾燈的材料。如何使失敗為我所用，那就要明確集中態度：

首先，失敗中蘊涵著莫大的機遇；

其次，暫時的挫折不可與失敗畫上等號；

第三，失敗可以醫治「自滿」的陋習；

第四，失敗是讓你承擔更大責任的準備；

第五，總結失敗的教訓就是為成功籌集資本……。

總之一定要把失敗涉及的這些問題搞清楚，真正認識失敗，才能堅定不移地磨練自己、堅持努力去迎接更大的成功！

漫無目的，隨波逐流是失敗的首要原因。

人生要有目標，做事要有目的，漫無目的的人生往往導致隨波逐流。這樣走下去的結局自然不會達到自己想要的結果，回頭一看，不知道自己在做些什麼。

有一位老師是這樣教育孩子們如何把握做事的要領。老師在講臺上諄諄勉勵學生做事要專心，將來才會有成就，為了具體說明專心的重要，老師叫一名學生上臺，雙手各拿一支粉筆，要他在黑板上同時用右手畫方，左手畫圓，結果學生畫得一團糟。老師說：「這兩種圖形都畫得不像，那是因為分心的緣故。將全部精力投入於同一個目標，總比自己將有限的精力分散給更多的目標，實現成功的可能性更大一些。」

這個小故事告訴我們，要成功只能一次選定一個目標，並且鍥而不捨。所以，不論就業或創業，一定要選好自己的目標，在選定了目標之後，萬萬不可操之過急，要勤奮努力，遭到挫折也不放棄。

成功最大的障礙，就在於放棄。人生就像爬階梯一樣，必須一步一階，絲毫取巧不得；只要一步一階，終能抵達山頂。

在現實生活中，懂得確定目標很重要，但要注意審時度勢，善於調整也是很重要的，這是規劃成功人生的一個重要素質。一個人，隨著自身的成長、成熟、外部環境條件的變化，因而構成過去的心態意識、目標計畫、生活方式等許多重要條件都可能發生變化。如果不能在適當的時候，進行相對的調整，則必然要落後、保守、僵化、停止不前。睜大你的眼睛，審時度勢，及時進行必要的調整，才能永保活力，不斷向成功卓越挺進。

很多人往往在這調整過程中迷失自己，變得漫無目的、進而隨波逐流，結果自然是與成功漸行漸遠、與失敗越走越近。

有的時候我們人類也許要向一條小毛蟲學習。一天，一條小毛蟲在朝向太陽方向爬行的時候遇見了一隻蝗蟲。小毛蟲告訴牠要去大山頂看整個山谷，因為昨晚做了這麼個夢。蝗蟲很驚訝地說：「你瘋了？對於你來說，一塊石頭就是高山，一個水坑就是大海！」小毛蟲並沒有理會，便慢慢走遠了。小毛蟲在路途中又遇到了螳螂。聽明白緣由之後，螳螂笑著說：「有健壯腿的我，都沒這麼狂妄過。」小毛蟲不顧嘲笑，繼續前行。隨後，蜘蛛、鼴鼠、青蛙和花朵都以類似的方式勸小毛蟲放棄這個念頭。但小毛蟲始終向前爬行。終於，牠筋疲力盡覺得快要死了。牠停下來，用最後的力氣……建了一個安息的地方——蛹。所有的動物都來瞻仰小毛蟲的遺體。牠的蛹變成了勇於實現夢想的紀念碑。一天，小毛蟲貝殼狀的蛹突然裂開，一隻美麗的蝴蝶出現在大家面前。最後，美麗的蝴蝶飛上了蔚藍的天空，重生的小毛蟲終於在自己的堅定中實現了自己的夢想！

這個故事告訴我們，人要有夢想，有了夢想，不管你是弱小還是強大，心總會飛翔；人要堅持夢想，不能在別人的勸說中輕易的迷失自己，變成漫無目的、隨波逐流的人。

生活中，每個人都有自己生活的軌跡，隨波逐流是放棄自己軌跡的愚蠢選擇。現實生活中，我們常常看到有些人衣著襤褸，行為乖張地招搖過市；有些人在眾目睽睽之下席地而臥……這些人不顧眾人的目光，我行我素。他們渴求的是什麼呢？

每個人的行為都應該和社會的習俗相符合。我行我素，這是另外一種方式的自我吹噓。就本質來說，一切事物都有所不同。但是，難道只因為我們所標榜的「不同」就放棄自己外表上與他人的相同嗎？穿著是社交的手腕，我們不要裝扮得過於豔麗俗氣，也不可以用破爛和骯髒達到與眾不同的目的。生活中，我們雖不需要鑲著純金的銀盤來炫耀財富，但破碗土陶也不能就此證明我們生活樸實。有志於真理的人是不會追求隨波逐流的生活的，他們會堅持自己的生活軌跡，奔向自己的生活目標。

就讓我們在小毛蟲的啟示下思考一些自己的生活軌跡：茫茫田野，是不是所有的生物都放棄了自己生活的軌跡，而和蜘蛛、鼴鼠、青蛙、蝗蟲等別的動物一樣了呢？不是，當然不是，小毛蟲就不是，牠一直是在目標的指引下，沿著自己的軌跡前行。我們每個人肯定都在某一方面與其他人存在著區別。但是，這些並不影響生活的平衡與和諧，因此我們不必隨波逐流，堅持自己的生活目標才會走的更遠。

逆境中能找出順境中所沒有的機會。

人的一生，誰都希望無論是在事業上、生活上都能夠遭遇順境、遠離困境。但是往往都不能如願，逆境就像影子一樣，老是在自己的身邊徘徊。面對逆境，有的人扼腕嘆息，有的人緊抓機遇，因為他們知道：困境裏往往蘊涵著順境中不可能有的機遇。

正如法國前總統戴高樂所說：「困難，特別吸引堅強的人。因為他只有在擁抱困難時，才會真正認識自己。」就像下面這個「沒有不受傷的船」。

遠在西班牙港口城市巴賽隆納，有一個舉世聞名的造船廠。這個造船廠與巴賽隆納一樣有著悠久的歷史，它的歷史已有一千多年了。這個造船廠從建廠的那一天開始就立了一個規矩，所有從造船廠出去的船都要造一個模型留在廠裏，並把這艘船出廠後的命運有專人刻在模型上。廠裏有房間專門用來陳列船的模型。因為歷史悠久，所造的船的數量不斷增加，所以陳列室也逐步擴大，從最初的一間小房子變成了現在造船廠裏最宏偉的建築，裏面陳列著近十萬艘船的模型。所有走進這個陳列館的人都會被那些船的模型所震懾，不是因為船的模型造型精緻和千姿百態，不是因為感嘆造船廠悠久的歷史和對於西班牙航海業的卓越貢獻，那是因為什麼呢？是船的模型上深深刻下的文字。

「西班牙公主」是這些船的模型中的一個，它身上雕刻的文字記錄了它的出生、成長和經歷，具體是：本船共計航海五十年，其中十一次遭遇冰川，有六次遭海盜搶掠，有九次被其他的船碰撞，有二十一次發生故障拋錨擱淺。每一個模型上都是這樣的文字，詳細記錄著該船經歷的風風雨雨。在陳列館最裏面的一面牆上，是對千年來造船廠所有出廠船的概述：造船廠出廠的近十萬艘船當中，有六千艘在大海中沉沒，有九千艘因為受傷嚴重不能再進行修復航行，有六萬艘船都遭遇過二十次以上的大災難，沒有一艘船從下海的那一天開始沒有過受傷的經歷……。現在，這個造船廠的船隻陳列館，早已經突破了原來的意義。它現在不僅是西班牙聞名於世的旅遊熱點路線，更是整個西班牙人獲得精神力量的源泉。

這正是西班牙人吸取智慧的地方：所有的船，不論用途是什麼，只要到大海裏航行，就會受傷，就會遭遇災難。如果因為遭遇了磨難而怨天尤人，如果因為遭遇了挫折而自暴自棄，如果因為面臨逆境而放棄了追求，如果因為受了傷害就一蹶不振，那你就大錯特錯了。人生也是這樣的，只要你有追求，只要你去做事，就不會一帆風順。我們的人生，就像大海裏的船，只要不停止航行，就會遭遇風險，沒有風平浪靜的海洋，沒有不受傷的船。

生活中，有多少人在渾渾噩噩的過日子呢？有多少人在安逸的生活中懈怠呢？有多少人認為自己沒有什麼本事就安於現狀、不思進取呢？有些時候，我們需要一種逆境來激發我們自身的潛能，喚醒我們內心深處被掩藏已久的人生激情，來實現人生的最大價值。**人的平庸，多數不是因為自身能力不夠，而是因為安於現狀、不思進取，沒有激發自己的潛能，在平淡的生活中埋沒了自己。**面對自己，積極去想、去做，一個人的困難可能就是自己的機會。

世界著名長跑選手海爾・格布雷西拉西耶的童年是在一個小山村裏度過的，這是一個位於衣索比亞阿魯西高原上的小山村。那時的他每天腋下夾著課本，赤腳跑步十公里路去上學和回家。貧窮的家境使他不可能坐車去上學。為了上課不遲到，他每天都一路奔跑。

如今，這位曾經夾著課本跑步上學的小男孩在世界長跑比賽中，先後十五次打破世界紀錄，成為當今世界上最優秀的長跑運動員之一。如果他出身富裕的家庭，每天坐車上學，就絕不可能擁有今日的成績。後來，他總是說：「我要感謝貧困，因為貧困，我別無選擇，只能跑步上學。」正是跑步上學，使他成為一名優秀的長跑運動員。小時候面臨的生活困境不得不使他必須堅持跑步上學，這也給他找到一條成功之路的機遇，並為這個機遇奠定了基石。

可見，不輕易屈服於困境，使之成為打磨自己的試金石，機遇便會從中誕生。很多人與成功失之交臂，並非他們缺少才智，而是他們缺乏讓困難變為機遇的勇氣、眼界。

當我們身處困境時一定要保持高昂的鬥志，不能焦躁不安、驚慌失措，要穩定自己的思緒，透過逆向思維發掘其中的機遇，在奮鬥中迎接下一個順境的到來。

讓孩子小時候「好過」，長大之後經常會「難過」。

人們常說：再富也不能富孩子，讓孩子吃點苦對他們的一生具有重要意義。人生就像一個臺階，如果從小就讓孩子自己去攀爬，他就會一鼓作氣的攀登到頂。如果孩子在小的時候就由爺爺奶奶、爸爸媽媽攙扶著一階一階向上爬，總有一天需要孩子自己繼續爬時，孩子在這個時候就容易招架不住有摔下來的危險。所以，如果想讓孩子小時候「好過」，那麼他長大以後就經常會「難過」。

一個一周歲左右的小男孩，被年輕的母親牽著小手來到公園的廣場前，要爬上有十幾個階梯的臺階。小男孩掙脫開母親的手，想要自己爬上去。他用小手向上爬，他的母親也沒有抱他上去的意思。當爬上兩個臺階時，他就感到臺階很高，回頭看一眼母親，母親沒有伸手去扶他的意思，只是眼睛裏充滿了慈愛和鼓勵。小男孩又抬頭向上，他放棄了讓母親抱的想法，還是手腳並用小心地向上爬。他爬得很吃力，小屁股抬得高高，小臉蛋也累得通紅，那身娃娃服也被弄得都是土，小手也髒兮兮的，但他最後還是爬上去了。年輕的母親這時才上前拍拍兒子身上的土，在那通紅的小臉蛋上親了一下。這個小男孩逐漸長大最後成為美國第十六屆總統，對，他就是林肯。那位沒有伸手去扶他的母親就是南茜・漢克斯。

林肯小時候的家境非常貧寒，父親是一個普通的農夫。林肯斷斷續續地接受正規教育的時間，加起來還不到一年。但林肯從小就養成了熱愛知識、追求學問、善良正直和不畏艱難的好品格。他買不起紙和筆，就用木炭在木板上寫字，用小木棍在地上練字。他抓住一切時間看書學習，練習演講。林肯失過業，做過工人，當過律師。他從二十九歲起，開始競選議員和總統，前後嘗試過十一次，失敗過九次。在他五十一歲那年，他終於問鼎白宮，並取得了輝煌的成績。母親南茜在林肯九歲那年不幸病故。毋庸置疑，她以自己堅強而偉大的母愛不僅撫育了林肯，更鍛鍊了林肯，使他能夠堅強地走向未來。

人的一生有無數級的臺階—生活、學習和工作。如何面對和攀登這些人生之階？對於孩子，是牽著手、攙扶著上，還是抱著上？不同的父母會有不同的答案。顯而易見，如果家長牽著、攙扶著孩子，就會使孩子產生依賴性，常常把父母當成枴杖而難以自立。如果家長抱著孩子上臺階，把孩子攬在襁褓裏，那麼孩子就會成為被「抱大的一代」，不經風雨，不見世面，更難立足於社會。平時，孩子飯來張口，錢來伸手，上學接送，晚上陪讀，甚至考上大學父母還要跟著做保姆……這樣，孩子是很難自立成人，大有作為的。

舉世聞名的發明家愛迪生，從小經歷無數的困境才成長為後來的大發明家。小時候因為家裏窮，他只上學三個月，十一、二歲就開始賣報。他熱愛科學，常常把錢節省下來，買科學書報和化學藥品。他只能從垃圾堆裏撿瓶瓶罐罐，作為實驗的器具。

在愛迪生十二歲的時候，他已經在火車上賣票了。火車上有一節給乘客吸煙的專用車廂，車長同意他在那裡佔用一個角落。他把化學藥品和瓶瓶罐罐都搬到那裡，賣完了報，就做各種的實驗。有一次，火車開動的時候猛地一震，把一瓶白磷震倒了。磷一遇到空氣馬上燃燒起來，許多人趕來，和愛迪生一起把火撲滅。車長氣極了，把愛迪生做實驗的東西全扔了出去，還狠狠的打了他一個耳光，把他的一個耳朵打聾了。但愛迪生鑽研科學的決心沒有動搖，他不斷省吃儉用，並重新置辦實驗藥品，重新做起了實驗。

在做實驗的過程中，這個少年曾經差點被硫酸燒傷自己、差點被硝酸弄瞎眼睛……許多的艱難困苦，並沒有使他倒下去，還是堅持的做實驗。愛迪生試製電燈，為了找到一種價錢便宜、使用時間長的燈絲，不知做了多少次實驗。他常常在實驗室裏一連工作幾十個小時，實在太累了，就躺在實驗臺上睡一會兒。他這樣不懈地努力，終於找到了合適的燈絲，發明了電燈。後來，愛迪生又發明了電影、留聲機……他一生的發明多達一千多種。

看到這裡，有誰還會一直攙扶自己的孩子，直到不能陪在他身邊的那一天呢？當然，愛是生命中最好的養分，哪怕只是一勺清水，也能使生命之樹茁壯成長，但樹木需要正確的澆灌，才能長得枝繁葉茂，甚至長成參天大樹；孩子需要「不好過」的經歷伴隨，才能真正成為未來生活的主人，取得一定的成就。

失敗和暫時的挫折有很大的差別。

每個人的人生都像是一片未開墾的田野，一條未明朗的道路，期間也就必然充滿荊棘，暗藏陷阱。有些人遇到荊棘、碰到陷阱就覺得自己已經失敗了，甚至連剩下的人生都給放棄，這種人的錯誤在於根本不瞭解失敗與挫折之間的關係，更不善用挫折取得成功。

一個人在工作、生活中總會遇到各種大大小小的挫折，比如，你的想法得不到上司的支持，公司裏有人阻撓你的工作，當你試圖主動提案時，總是遭到否決等等。這些都是每個在職場上奮鬥的人，幾乎都經歷過的挫折，是很難避免的。解除這些挫折是不可能，但如何面對挫折，在挫折面前昂起頭來，才是你應該好好思考的問題。

很多人心理素質薄弱，意志力較差，經不起一點點的挫折。在工作時，遇到挫折，就對自己失去了信心，認為自己不行，一天到晚愁眉不展，怨天尤人，根本無法振作精神，即使有好機會使問題出現轉機，也被這拉長的苦臉嚇跑了。如果你這樣一直消沉下去，到最後就會對自己越來越沒信心，越來越失望。

愛因斯坦出生在德國的烏爾姆，這是一個小城鎮。愛因斯坦的一生似乎都與挫折相伴：三歲才「咿呀」學語，比他小兩歲的妹妹已經能流利交談了，他卻還是支支吾吾，前言不搭後語；十歲時，他才去上學。可是在學校裏，他受到了老師和同學的嘲笑，大家都稱他為「笨傢伙」。學校要求學生上下課都按軍事口令進行，由於愛因斯坦的反應遲鈍，經常被老師呵斥、罰站。一次工藝課堂上，老師從學生的作品中挑出一張做得很不像樣的木凳對大家說：「我想，世界上也許不會有比這更糟糕的凳子了！」在哄堂大笑中，愛因斯坦紅著臉站起來說：「我想，這種凳子是有的！」說著，他從課桌裏拿出兩個更不像樣的凳子，說：「這是我前兩次做的，交給您的是第三次做的，雖然還不行，卻比這兩個好得多！」一口氣講了這麼多話，愛因斯坦自己也感到吃驚。老師更是感到吃驚，因為他從未見過這樣的孩子。

進入慕尼克的一所中學上學，他喜愛上了數學課，卻對其他那些脫離實際和生活的課不感興趣。孤獨的他開始在書籍中尋找寄託，尋找精神力量。就這樣，愛因斯坦在書中結識了阿基米德、牛頓、笛卡爾、歌德、莫札特……；書籍和知識為他開拓了一個更廣闊的空間。視野開闊了，愛因斯坦頭腦裏思考的問題也就多了。有一天，他對經常輔導他數學的舅舅說：「如果我用光在真空中的速度和光一道向前跑，能不能看到空間裏振動著的電磁波呢？」舅舅用異樣的眼光盯著他看了許久，眼光中既有贊許又有擔憂。因為他知道，愛因斯坦提出的這個問題非同一般，將會引起出人意料的震撼。此後，愛因斯坦一直被這個問題困擾著。一八九五年秋天，愛因斯坦經過深思熟慮，決定報考瑞士蘇黎士大學；可是他卻失敗了，他的外文不及格。落榜後的他沒有氣餒，參加了中學補習。一年以後，他獲得了中學補習合格證書，並且考入了蘇黎士綜合工業大學。這時的他，已經在為自己的未來做準備了。他把精力全部用在課外閱讀和實驗室裏。教授們見他總是把精力投入到課程以外的事物，覺得他是「不務正業」的學生。

當他大學畢業時，因為經濟危機、自己猶太人血統和沒有關係、無錢的原因，他居然失業在家。為了生活，他只好到處張貼廣告，靠講授物理課，獲得每小時三法郎的生活費。這段失業的時間，給了愛因斯坦很大的幫助。在授課過程中，他對傳統物理學進行了反思，促成了他對傳統學術觀點的猛烈衝擊。經過高度緊張興奮的五個星期奮鬥，愛因斯坦寫出了九千字的論文《論動體的電動力學》，狹義相對論由此產生。這一促進物理學向前邁進的又一里程碑事件，使今天地球上的人類還深深地敬仰這位偉大的科學家。

即使這樣，還是有許多人反對愛因斯坦，甚至還發表文章批評他。但是，愛因斯坦畢竟還是得到了社會和學術界的重視。在短短的時間裏，竟然有十五所大學給他授予了博士證書，法國、德國、美國、波蘭等許多國家的知名大學也想聘請他做教授。當年那個不被老師、同學看好的「笨小孩」，終於成了全世界公認的、當代最傑出的科學家之一。

誰會想到愛因斯坦的成長會經歷如此多的挫折：小時候說話不清楚、上學後學習不靈光、中學畢業大學落榜、大學畢業即失業……；但是今天誰也不敢說愛因斯坦是失敗者。因為挫折是挫折、失敗是失敗，兩者之間有著極大的差別，不能混同。你是那個披荊斬棘的成功者嗎？如果不是，要堅強起來，因為戰勝無數的挫折就會遠離失敗；在一次挫折面前倒下，你就會成為不折不扣的失敗者。

如果你盡力而為，失敗並不可恥。

什麼是成功？什麼是失敗？這個問題困擾著許多人。我們經常能夠看到現實生活中或者是影視劇作中的一些情景：某個人或團隊，在對公司的一次至關重要的競標準備中，做了大量的工作，之後得出一個十分完美的競標材料和設計創意及構想；而另一個人或團隊，在進行了一番努力後還是沒有得到很好的結果，但是他們採用非正常的手段得到了對方的商業機密，並在最後的競標勝出。那麼，誰會認為後者是成功者，而前者是失敗者呢？對於前一團隊所做的努力，即使他們始終不知道自己是因為洩密導致的競標失敗，也不應該以失敗自居，因為他們盡力了。盡力而為，即使失敗也不可恥。

成功意味著什麼？成功學家卡爾博士認為：「成功意味著許多美好積極的事物。成功意味著個人的興隆：享有好的住宅、假期、旅行、新奇的事物、經濟保障，以及使你小孩能享有最優厚的條件。成功意味著能獲得讚美，擁有領導權，並且在職業與社交圈中贏得別人的尊重。成功意味著自由：免於各種的煩惱、恐懼、挫折與失敗的自由。成功意味著自重，能追求生命中更大的快樂和滿足，也能為那些依賴你維生的人做更多的事情。」

的確，成功意味著很多很多東西，並且根據每個人不同的理解，上面的描述還可以無限的延長下去。但是究其本質，成功是什麼呢？

成功其實包含兩方面的含義。一是社會承認了個人的價值，並賦予個人相對的酬謝，如金錢、地位、房屋、尊重等等。二是自己承認自己的價值，從而充滿自信、充實感和幸福感。但是人們往往忽略了成功之後另一種含義，認為只有在社會承認我們、他人尊敬我們時，我們才算度過了成功的人生，只有在鮮花和掌聲環繞著我們時，才算是到了成功的時刻；而僅僅自己認為自己成功不僅沒有意義，而且還有狂妄自大的嫌疑。

實際上，一個人只有在對自己有較高評價並認為自己一定會成功時，他才可能真正成功。這中間的道理也很簡單，那就是人不可能給別人他自己都沒有的東西。如果一個人覺得自己的生命沒有價值，那麼又怎麼可能給社會創造價值，並最終得到社會的承認呢？

成功不是衡量人生價值的最高標準，比成功更重要的是，一個人要擁有內在的豐富，有自己的真性情和興趣，有自己真正喜歡做的事。只要你有自己真正喜歡做的事，你就可以在任何情況下都會感到充實和踏實。那些僅僅追求外在成功的人，實際上是沒有自己真正喜歡做的事，他們真正喜歡的只是名利，一旦在名利場上受挫，內在的空虛就暴露無遺。照我的理解，把自己真正喜歡做的事做好，盡量做得完美，讓自己滿意，這才是成功的真諦，如此感到的喜悅，才是不參雜功利考慮的成功之喜悅。

正如開始時所說的故事中，即使那些渺小的人獲得了虛假的成功，但他們的真相很快就會暴露出來。有一些偉大的人他們盡力而為地做著誠實的事，對社會發展進步有意義的事，即使暫時遭遇失敗，這種失敗卻並不可恥。因此我們要做那種盡力而為的人，成功不驕傲，失敗也不氣餒，踏踏實實地做好每一件事。

智者注意自己的缺點，一般人吹噓自己的優點。

每個人都是一個矛盾的集合體。在他的身上肯定存在著很多缺點，也存在著很多優點；從來就不存在一個人身上只有缺點或只有優點。但是人與人對待缺點、優點的態度卻有不同，也就有了不同的生活和事業成就。

不同的人之間是如何關注自己的優缺點的呢？那就是智者注意的是自己的缺點，一般人卻只顧吹噓自己的優點。

詹森博士就曾經為了自己曾經犯下的錯誤而銘記一生。詹森的父親曾經經營一個大舊書攤。有一次，距離不遠處有個表演，很多人都過去看，這天正下著雨，他的父親想要詹森拿一部分書籍，運到表演的地方去販賣。他的父親接連呼喚他三次，可是詹森博士這時正專心閱讀一本又厚又重的書，竟假裝聽不見，也不理睬，父親嘆了一口氣，只好自己親自去了。這時候，詹森博士十八歲。五十年後，有一天中午十一點，當地人看見這個體態臃腫的老年人，他把帽子夾在腋下，枴杖放在一邊，低頭跪在太陽底下，熱淚直流。這時詹森博士也已成名，大家都來看他，他對大家說：五十年前的同一天，同一時刻，我不聽父親的話，現在我跪在這裡懺悔。詹森博士對自己的這一缺點始終耿耿於懷，誰又能說這件事給詹森博士帶來的僅僅是懊悔呢？

詹森博士之所以能夠成功，相信與他始終關注自己的過失、缺點有關係。人只有關注自己的缺點才能改進缺點，從而使自己的缺點越來越少，優點越來越多。而一般人則總是吹噓自己的優點，使自己常常跌倒在自己的優勢上。因為缺陷常能給我們以提醒，而優勢卻常常使我們忘乎所以。

每個人都要正確認識自己的缺點並先承認自己有缺點，關注它、改進它，優點才有成長的空間，這樣才能成為智者而不是一個一般人。

失敗若能將人推出自滿的椅子，則是一種福氣。

自滿，常常會使人停滯不前，不思進取；自滿，還是每個人事業成功的絆腳石；自滿，更是使一個人原地踏步、即將落伍的信號！

鯛魚和蠑螺都生活在大海深處，有一天牠們在海中不期而遇。蠑螺有著堅硬無比的外殼，鯛魚在一旁讚嘆著說：「蠑螺啊！你真是了不起呀！一身堅強的外殼一定沒人傷得了你。」蠑螺也覺得鯛魚所言甚是，正洋洋得意的時候，突然發現敵人來了。鯛魚說：「你有堅硬的外殼，我沒有，我只能用眼睛看個清楚，確知危險從哪個方向來，然後，決定要怎麼逃走。」說著，鯛魚便「咻」的一聲游走了。此刻呢？蠑螺心裏在想，我有這麼一身堅固的防衛系統，沒人傷得了我啦！我還怕什麼呢？便靜靜地等著。蠑螺等呀等的，等了好長一段時間，也睡了好一陣子了，心裏想：危險應該已經過去了吧！於是，牠就想探出頭透透氣。牠剛伸出頭來一看，立刻扯破喉嚨大叫起來：「救命呀！救命呀！」此時牠正在水族箱裏，外面是大街，而水族箱上貼著的是：「蠑螺××元一斤。」蠑螺的自我感覺良好，這種自滿的心態將自己送進了水族箱。自滿的危害可見一般。

在職場最忌諱的就是驕傲自滿，加里的經歷就說明了這一點。

加里在大學畢業後進入一家研究所工作。經過幾年的研讀，終於得到了博士學位，他的博士頭銜成了這家研究所最高的學歷，於是經常在工作中表現出自滿的情緒。有一天他到公司後面的小池塘去釣魚，正好正、副所長在他的一左一右也在釣魚。「聽說他們也就是大學學歷，有什麼好聊的呢？」這麼想著，他只是朝兩人微微點了點頭。不一會兒，正所長放下釣竿，伸伸懶腰，蹭！蹭！蹭！從水面上如飛似的跑到對面上廁所去了。加里眼睛睜得都快掉下來了，「不會吧？在水面上跑！」正所長上完廁所回來的時候，同樣也是蹭！蹭！蹭！從水面上飄回來了。「怎麼回事？」加里剛才沒去打招呼，現在又不好意思去問，自己是博士呀！又過了一會兒，副所長也站起來，走了幾步，也邁步蹭！蹭！蹭！飄過水面上廁所。這下子加里更是差點昏倒，摸不著頭腦。

又過了一會兒加里也想去上廁所。這個池塘兩邊有圍牆，要到對面廁所非得繞十分鐘的路，而回公司上廁所又太遠，怎麼辦？加里也不願意去問正、副所長，憋了半天後，於是也起身往水裏跨，心想：「我就不信這兩人能過的水面，我博士不能過！」只聽見「撲咚」一聲，加里栽到了水裏。正、副所長趕緊將他拉了上來，問他為什麼要下水，他反問說：「為什麼你們可以走過去呢？而我就掉進水裏了呢？」正、副所長相視一笑，其中一位說：「這池塘裏有兩排木樁子，由於這兩天下雨漲水，樁子正好在水面下。我們都知道這木樁的位置，所以可以踩著樁子過去。既然你不知道這個情況，為什麼不請教一下身邊的人呢？」

任何人都不喜歡驕傲自大的人，這種人在與他人合作中也不會被大家認可。你可能會覺得自己在某個方面比其他人強，但你更應該將自己的注意力放在他人的強項上，只有這樣，你才能看到自己的膚淺和無知。加里的自滿，使自己在出入職場就給大家留下了不好的印象，對以後的工作開展很不利。

既然自滿有這麼多的危害，那麼如何才能戒除自滿呢？唯有失敗，只有失敗才能使自滿的人醍醐灌頂，從自滿的椅子中推出。自滿的人如果遭遇到失敗，並因此認識到自滿給自己帶來的危害，從而勉勵自己做更多的事情，這也未嘗不是一件好事。

眾所周知，在龜兔的第一次賽跑中，烏龜贏了。兔子輸在自己的長處太明顯，被自己的「雙腿」絆倒，於是在半路上睡覺，所以烏龜跑第一。第二次兔子吸取了教訓，就不睡覺了，一口氣跑到終點，結果兔子贏了，烏龜輸了。第一次龜兔賽跑以兔子的失敗告終，這個失敗把兔子從自滿的溫床中拖出，使牠認識到了自己的錯誤，並改之，也就有了牠第二次比賽的勝利。我們在職場和商場中行走，也是如此，遭遇失敗不一定是憾事，在失敗中認清自己失敗的原因，那失敗就意味著收穫。

失敗是一種讓人承擔更大責任的準備。

失敗是每個人都不想要的結果，但是換個角度來看，失敗又是一種讓人承擔更大責任的準備。從這個意義上說，失敗就是自己成功的重要機遇和累積。

愛麗絲是一個普通的女孩，她高中畢業後沒有考上大學，於是在自己生活的鎮上當了一名小學教師。結果，不到一星期就回了家。母親安慰她：滿肚子的東西，有的人倒得出來，有的人倒不出來，妳不會教書不要緊，也許有更合適的事情等著妳去做。後來，愛麗絲先後當過紡織工人，當過市場管理員，當過會計，但是無一例外都半途而廢了。

然而，每次愛麗絲失敗回來，母親總是安慰她，從來沒有抱怨的話。三十歲的時候，愛麗絲當了聾啞學校的一位輔導員，後來又開辦了一家自己的殘障學校，並且在許多城市開辦了殘障人用品連鎖店，有了自己的一片天地。有一天，功成名就的愛麗絲問母親：那些年我經常失敗，自己都覺得前途非常渺茫，但妳為什麼總對我那麼有信心呢？母親的回答樸素而簡單：「一塊地，不適合種麥子，可以試試種豆子；豆子也種不好的話，可以種瓜果；瓜果也種不好的話，也許能種蕎麥。總會有一粒種子適合它，也總會有屬於它的一片收成。」愛麗絲感動的熱淚盈眶。

母親的回答不僅表現出了身為母親對孩子的相信和鼓勵，還從一個角度說出了失敗是一種嘗試，是一種將要給予失敗者應對更大挑戰、承擔更大責任的準備。

事實確實如此，每個人都有自己的生命軌跡、使命和定位。只是每個人的生命都是在尋找自己準確定位的過程，這一過程中難免碰壁、挫折和失敗。但這一切都是為了找對自己使命所做的準備。

有一個美麗的花園，椰子、櫻桃、蘋果、玫瑰等幸福的生活在這裡。花園裏的所有成員都是那麼快樂，唯獨一棵小橡樹愁容滿面。可憐的小傢伙被一個問題困擾著，那就是，它不知道自己是誰。蘋果樹認為它不夠專心，「如果你真的努力了，一定會結出美味的蘋果，你看多容易！」玫瑰花說：「別聽它的，開出玫瑰花來才更容易，你看多漂亮！」失望的小橡樹按照它們的建議拚命努力，但它越想和別人一樣，就越覺得自己失敗。有一天，鳥中的智者鵬來到了花園，聽說了小橡樹的困惑後，牠說：「你別擔心，你的問題並不嚴重，地球上的許多生靈都面臨著同樣的問題。我來告訴你怎麼辦。你不要把生命浪費在去變成別人希望你成為的樣子，你就是你自己，你要試著瞭解你自己，要想做到這一點，就要傾聽自己內心的聲音。」說完，鵬就飛走了。小橡樹自言自語說：「做我自己？瞭解我自己？傾聽自己的內心聲音？」突然，小橡樹茅塞頓開，它閉上眼睛，敞開心扉，終於聽到了自己內心的聲音：「你永遠都結不出蘋果，因為你不是蘋果樹；你也不會每年都開花，因為你不是玫瑰。你是一棵橡樹，你的命運就是要長得高大挺拔，給鳥兒們棲息，給遊人們遮蔭，創造美麗的環境。你有你自己要承擔的重要責任！」小橡樹頓覺渾身上下充滿了力量和自信，它開始為實現自己的目標而努力。很快它就長成了一棵大橡樹，填滿了屬於自己的空間，贏得了大家的尊重。此時，花園實現了真正的快樂。

雖然，這棵小橡樹在沒想清楚之前，曾幻想和要求自己結出蘋果、開出玫瑰花，走了很多彎路、經歷了很多失敗，但是最終表明：這些失敗的經歷使小橡樹明白了自己要承擔重要的責任是什麼，那些失敗也就成了小橡樹能否承擔重要責任的一個累積和準備。

生命本身是一個過程，而失敗不過是過程中的一個小小片段。就像是人在旅途中，車輛或者輪船只不過是到達風景區的一個手段，總不能因為某一輛車的拋錨而停止自己前進的腳步吧？一旦在這時停止自己的腳步，就意味著自己放棄了承擔更重要責任的機會和權利。相信你一定不會是那個選擇自願放棄的人。

瞭解自己為何失敗，則失敗是資產。

從失敗中學習，就是為成功指路，這時的失敗就會變成你重要的悟性資產；而不能從失敗中學到教訓是悲哀的！即使是一些小小的錯誤，你都應從其中學到些什麼。

一個小女孩是這樣被引導如何面對失敗的。當這個小女孩趴在窗台上，看窗外的人正埋葬她心愛的小狗，不禁淚流滿面，悲慟不已。她的外祖父見狀，連忙引她到另一個窗戶，讓她欣賞他的玫瑰花園。果然小女孩的心情頓時開朗。老人托起外孫女的下巴說：「孩子，妳開錯了窗戶。」小女孩從此知道了如何面對失敗，那就是失敗時另闢蹊徑，找到那扇充滿希望的窗子。

一個探險家被告知要這樣面對失敗。這個探險家原本是出發去北極，最後卻到了南極。當別人問他為什麼時，他說：「我帶的是指南針，找不到北極。」對方說：「怎麼可能呢？南極的對面不就是北極嗎？轉個身、回個頭就可以了。」

成功和失敗本是同一片曠野，它是會令你溺水的深潭，也是能為你解渴的甘泉。誰能一開始便明察秋毫，尋覓到那通往柳暗花明的小徑？必得經歷失敗，把所有不可能的假象、貌似合理的幻想一一排除，剩下的才會是唯一的正確。當我們在生活中一次次被撞得暈頭轉向、頭破血流的時候，失敗是最好的指南針，以它恒久不變的指標說著錯誤的方向，並提示我們：轉過去，對面便是成功。這時的失敗幫助我們找到了正確的方向，因此它也變成了最寶貴的資產。

一位老員工這樣抱怨自己的事業不順利：「我在這裡已做了三十年，我比你提拔的許多人多了二十年的經驗。」「不對。」老闆說：「你從自己的錯誤中，沒學到任何教訓，你仍在犯你第一年剛做時的錯誤。因此你還是只有一年經驗。」

愛迪生的一位助手曾經這樣對他說：「我們浪費了太多的時間，試了二萬次了，仍然沒找到可以做白熾燈絲的物質！」「不！」愛迪生回答說，「我們的工作已經有了重大的進展。因為我們知道二萬多種不能做白熾燈絲的材料。」

上面那位職員不懂得在失敗中吸取教訓的道理，因此他所經歷的失敗就只是失敗；而愛迪生知道在失敗中總結，在失敗中對比，終於找到了鎢絲，發明了電燈，改變了歷史。對於愛迪生來說，那二萬多次失敗就已經成為了自己的資本。

英國的索冉指出：「失敗不該成為頹喪、失志的原因，應該成為新鮮的刺激。」唯一避免犯錯的方法是什麼事都不做，有些錯誤確實會造成嚴重的影響，所謂：「一失足成千古恨，再回頭已是百年身。」然而，「失敗為成功之母」，沒有失敗，沒有挫折，就無法成就偉大的事。

成功學家拿破崙・希爾曾經說過：在失敗面前至少有三種人：一種人，遭受了失敗打擊，從此一蹶不振，成為讓失敗一次打垮的懦夫，此為無勇亦無智者。一種人，遭受失敗打擊，並不知反省自己，總結經驗，只憑一腔熱血，勇往直前；這種人，往往事倍功半，即便成功，也如曇花一現，此為有勇而無智者。還有一種人，遭受失敗打擊，能夠很快地審時度勢，調整自身，在時機與實力兼備的情況下再度出擊，捲土重來；這一種人堪稱智勇雙全，成功常常蒞臨在他們身上。

只有第三種人，才是將自己遭遇的失敗變成了資本。因此當我們遇到失敗時，一定要冷靜地思考和分析，找對失敗的原因，指導自己轉向正確的方向！

第四章　哈佛大學告訴你：

明確的目標就像燈塔

生命是一條單行道，人生的時間和精力也是有限的，因此在這條單行道上徘徊、迷茫、迂迴的時間越長，生命消耗的就越快，因此一開始就要明確的瞭解自己想要什麼，如果連自己一生想要的是什麼都不知道，那麼還奢望能夠得到什麼呢？

明確的瞭解自己想要什麼，致力追求。

小草知道自己想要的是繁育成片的綠洲，樹苗知道自己想要的是成長為參天的大樹，小雞知道自己想要的就是可以果腹的穀糠，小鴨知道自己想要的就是能夠暢遊的池塘，老鷹知道自己想要的是任由翱翔的蒼穹……。它們瞭解自己想要的是什麼，並致力追求，也因此成就了不同的物種和生靈，那麼人又該是怎樣的呢？

人也同樣要明確自己想要的是什麼，只有明確這一點才能致力追求自己想要的東西，成就自己的人生。

每個人的一生就像穿越一片玉米地。秋高氣爽的田野間，一片碩果的玉米地鋪展在每個人的面前。當然這只是表象，這裏面暗藏了無數的陷阱和機關。

人生就是要成功穿越這片玉米地。這是有很多對手共同進行的一場有趣競賽：看誰最早穿越玉米地，到達神秘的終點，同時，誰手中的玉米又最多。

也就是說，既要穿越玉米地，又要比別人更快，手裏的玉米又要最多，而且要時刻保證自己的安全，整體概括而言就是：速度、效益和安全。每個人都可以進行一萬種以上的選擇，再聰明的數學大師都無法計算出這三者之間的最佳比例；或許世界上根本就不存在這樣的公式。

不同的狀態，會產生不同的結果，而每一個最佳的方式，又因為客觀環境和條件的變化而改變。穿越玉米地的過程，就是人生抉擇的過程，無數次的選擇產生了無數次的結果。而人為什麼要「穿越玉米地」，或者說為什麼要參與這樣一個遊戲？

對於你來說，當你面臨人生的又一次角逐時，在你面對事業上的又一次選擇時，是否認真的思考過這個問題？是否認真想過這個問題到底重不重要？有多重要？

那麼來看看哈佛學生們的人生軌跡，是如何印證這個問題的。一天，在美國哈佛大學的校園裏，一群出類拔萃的畢業生圓滿地完成了自己的學業，即將踏上社會，開始「穿越自己的玉米地」。他們的智力、學歷、環境條件都相差無幾。在將出校門時，哈佛大學對他們進行了一次關於人生目標的調查。結果是這樣的：

其中：毫無目標的人佔總數的二七%；有目標但很模糊的人佔總數的六〇%；雖有清晰的目標但比較短期的人佔總數的一〇%；而有清晰且長遠目標的人僅佔總數的三%。

二十五年後，他們已經各自穿越了「自己的玉米地」。此時的哈佛大學對二十五年前的「出類拔萃」、「天之驕子」進行了追蹤調查，結果這樣顯示：

在二十五年間，始終朝著自己最初的目標孜孜不倦、努力前進的畢業生，大多數都已位居社會上各行業的成功人士，他們中間的很多人已經成為業界的菁英和領袖，這樣的畢業生佔總數的三%；在二十五年間，有些人不斷地實現自己原來設定的短期目標，逐漸成為有一技之長的專業人士，他們大多屬於中產階級，這樣的畢業生佔總數的一〇%；在二十五年間，平靜穩定地生活與工作，沒有特別的成績和成就，位居社會中下層的畢業生佔總數的六〇%；在二十五年間，生活沒有目標，人生不盡如人意，只會一味地抱怨社會、指責他人的畢業生佔總數的二七%。

其實，這些人的差距早在二十五年前就已經埋下了伏筆。道理很簡單，就是在穿越玉米地之前，其中的一些人知道為何要穿越玉米地，而另一些人則一頭霧水。

因此，一定要明確或者知道自己想要的是什麼？是藍天還是綠地？是安逸還是冒險？

是平平淡淡還是轟轟烈烈？只有這樣才能夠致力去追求那些想要的，使想要的東西變為多年以後的現實。

沒有明確的目標，就像船沒有羅盤。

著名的哈佛大學成功警語：「目標就像一艘船的羅盤一樣，如果一艘航行中的船沒有羅盤，它就不知道要朝什麼方向航行，不知道什麼時間到達……。」

正如興趣與愛好能夠誘發才能，技能與技巧能夠培養，勤勉與意志能夠造就人才一樣，明確的理想與目標能夠激勵人心。

當相信了力量，目標計畫就是達到成就自己的必然條件。「目標是人生的清醒劑，計畫是人生的加速器」。目標賦予人類生命的意義和目的。

一個國外專門研究「成功」的機構，以一百個年輕人為研究物件，進行追蹤調查。這項研究歷時數十年，直到當年意氣風發的年輕人變成六十五歲風燭殘年的老人。研究結果顯示：他們中間只有一個人很富有，另外還有五個人有經濟保障，剩下九十四人情況不太好，甚至可以說是失敗者。而這絕大多數的人遭遇了晚年拮据的境遇，並不是他們年輕時不努力，最主要的原因是他們年輕時沒有建立明確的目標。

有了目標，人們才會把注意力集中在追求喜悅，而不是在避免痛苦上。目標讓每個人早上都有起床的動力，都有奮鬥的激情，**它可以讓生活中痛苦的時光好過一些，而快樂的時光則過的更好。**

明確人生目標是一件重要的事，換句話說，就是你的人生抱負，不過抱負聽起來總像一種超出個人可控制範圍的事情，而人生目標是，如果願意投入心力去做，就可能達到的。因此，對於個人而言，這一生真正想要的是什麼？什麼是你真正想去完成的事情？什麼事情如果你突然發現，你不再有足夠的時間去完成的時候，會後悔不已？這些都是你的目標，把每個這樣的目標用一句話寫下來。如果其中任何目標，只是達到另外一個目標的關鍵步驟，把它從清單中去掉，因為它不是你的人生目標。因為目標是你人生航行中的羅盤，抓緊它才能不走冤枉路。

松毛蟲在松樹上結網為巢，這是牠們集體吐絲共同結成的。每當黃昏時刻，牠們就傾巢而出，列隊爬過樹幹，去吃那些充滿汁液的松葉。這些松毛蟲在走動時，有一種互相跟隨的本能，頭頭走在前面，後面緊跟著一條條的松毛蟲，秩序井然，蜿蜒前行。走在前面的頭頭，一邊爬行，一邊不斷地吐出一條絲。不管牠走到哪裡，絲就吐到哪裡。走在前頭的松毛蟲之所以要吐絲於路上，就是為了不管走到多遠，走了多久，都能夠沿著這條鋪好的絲路返回，而不至於失去方向。

法國昆蟲學家法布林，針對松毛蟲的這一特點做了一項實驗。他把一隊的松毛蟲引到一個高大的花盆上，等全隊的松毛蟲爬上花盆邊緣形成圓圈時，法布林就用布將花盆上四周的絲擦掉，只留下花盆邊緣上的絲，並在花盆中央放了一些松葉。松毛蟲開始繞著花盆邊緣走，一隻接一隻盲目地走，一圈又一圈重複地走，牠們認為只要有絲路在就不會迷失。如此反覆走了數天數夜，松毛蟲們根本不知道可以救命的食物就和自己只有幾步之遙，最終還是因為饑餓、疲勞而死去。

許多人就像這些松毛蟲，只是盲目機械似的度過每一天。他們按照既定的模式，每天懵懵懂懂地過日子，如果問他們為何如此，他們也許會說：「每個人不都是這樣過日子嗎？」

這就是沒有目標的人生狀態，他們的人生就像是失去羅盤的船隻，不但永遠到不了對岸，而且隨時都有觸礁而亡葬身海底的危險。

目標對每個人的成功都至關重要，明確的目標就像是人生航船上的羅盤。航船出海，帶上羅盤是第一要求，因此人生制定目標就是第一要素，也是開啟人生之路的第一步。因為目標就是動力，目標就是方向，只有朝著確定的目標不斷前進，才能成就豐富成功的人生。

成功的人只想自己要的，而非自己不要的。

有一位智者帶著三個愛徒，到風景優美的地方去釣魚。他們到達了目的地，這位智者問大徒弟：「你看到了什麼呢？」大徒弟回答：「我看到了池塘、魚兒，還有整片的花草樹木。」這位智者搖搖頭說：「不對。」智者又以相同的問題問二徒弟。二徒弟回答：「我看到了老師、師兄、師弟、魚竿、魚，還有這裡的美景。」這位智者又搖搖頭說：「還是不對。」智者又以相同問題問三徒弟，三徒弟回答：「我只看到了池塘裏的魚。」智者高興地點點頭說：「這就對了。」

這個故事告訴我們：每個人要想成就一番事業，就必須明確自己的目標，知道哪些是自己想要的，哪些是與自己想要的東西無關。一旦自己的目標確立，才能心無旁騖、全心全力地向前奮進。

目標一旦確定就要心無旁騖，只做那些有利於目標實現的事情，對於實現目標毫無幫助的事物就要學會放棄。

非洲大草原，成群的羚羊在一起閒情逸致的走著。就在這時，突然一隻獵豹向這群羚羊撲去，羚羊受到驚嚇，開始拚命的四散奔逃。獵豹的眼睛盯著一隻未成年的羚羊，窮追不捨。在追趕過程中，獵豹超過了一隻又一隻站在旁邊驚恐觀望的羚羊，牠只是一個勁地向那隻未成年的羚羊追去。真是奇怪，那些和牠靠得很近的羚羊，牠卻像是未看見一樣，一次次的放過牠們。終於，獵豹捕獲了未成年的羚羊，開始慢慢享用得來不易的大餐。

獵豹在追趕的過程中，為何不放棄之前的那隻羚羊，而去追身邊更近一些的羚羊？那樣，豈不是更容易捕捉到獵物？但仔細想一想，也就不難理解：因為獵豹已經跑累了，而其他的羚羊並沒有跑累，如果在追趕途中改變了目標，其他的羚羊一旦起跑，轉瞬間就會把疲累不堪的獵豹甩在身後。因此，獵豹始終不放棄已經被自己追趕累了的羚羊，獵豹的目標只有一個，就是讓這隻羚羊成為自己的大餐。

其實，夢想又何嘗不是那隻羚羊，每個追逐的人就是那隻獵豹；如果想得到它，那麼就必須一直追下去。中途很可能出現各種目標的誘惑，它們都在分散你成功的視線，如果你一味地為它們停留，最終將一無所獲。因此，要將自己比作那隻獵豹，將理想比作那隻被窮追的未成年羚羊，拋棄所有雜念，窮追下去，千萬別受近在身旁的其他羚羊誘惑，那你一定會成功的，要記住：**「雖然人的潛能是無限的，但人的生命卻是有限的」**。人的一生追求的目標過多，往往就會使每個目標都很難實現。所以，鎖定目標就要竭盡全力，朝著想要的目標前進。

相傳希臘神話中記載：海妖塞壬姐妹是半人半鳥形的怪物，專門用迷人的歌聲來誘惑航海者，就算是那些見多識廣的水手，聽到這歌聲也往往不能自制，跳入海中游向塞壬的海島，結果是自投羅網，成為兇殘海妖們的果腹之物。俄爾甫斯的船要經過塞壬海島時，他用蠟封住同伴們的耳朵，並吩咐同伴把自己綁在桅杆上，叮囑說途經塞壬海島時無論自己如何懇求也不能鬆開綁繩。就這樣，俄爾甫斯雖然聽到了那致命的歌聲，但卻因為不能跳海，使得人船平安地駛過該區域。

這個故事充滿了神話色彩，或許有人覺得很是荒誕不經，讓人無法信服，但它確實值得我們深思。在每個人求知成長的航道上，不是也有種種的誘惑，也需要我們像俄爾甫斯那樣，抵禦可能毀滅自己前程的海妖歌聲嗎？每個人都要有一雙慧眼，面對光怪陸離的大千世界，面對形形色色安逸享受的誘惑，要有所為有所不為，都需要有很強的定力，既然選定了目的地，就要義無反顧的風雨兼程！

成功的人之所以成功，是因為：他們只想自己要的，而不將一點時間和精力浪費在自己不要的東西上。就像春天要播種，夏天要成長，秋天要收穫，冬天要休整一樣，這才是智者的選擇。成功的人生永遠只屬於那些有目標，有心無旁騖的精神和奮勇向前的人！要時刻抵禦海妖塞壬姐妹的歌聲，這樣才能走向目標，實現目標，贏得輝煌！

不要管過去做了什麼，重要的是將來要做什麼？

我們不能活在過去，而要活在當下和將來。無法忘記過去、從以往事情中自拔的人，往往會連今天也失去；沉迷於從前的人，也不會有將來。

因此，不要被過去的輝煌、失意絆住手腳，荒廢今天的大好時光，殊不知人生道路漫漫，更大的成就等待你去努力去創造，重要的不是過去做了什麼，而是要放眼未來，你要做的是什麼。

忘記昨天，是為了今天的振作。

「過去不等於未來」的觀念，是世界五百大企業之一的公司總裁，在六十七歲時出版的回憶錄：《攀越巔峰》一書中寫下的。她四十歲榮任美國田納西州州長，之後棄政從商。她寫下了這句話，就是告誡世人，要用發展的眼光看事情。成功往往與眼下的境況無關，過去的都過去了，關鍵是未來。過去也許一定程度上決定了現在，卻不能決定未來，唯有從現在開始做才能開拓全新的未來。

這個總裁是經歷過故事的人，她就是美國小芳。

小芳於一九二〇年出生在美國田納西州的一個小鎮上，隨著年齡的增長，她漸漸發現自己與別人的不同：那就是自己沒有父親。人們明顯地歧視她這個私生子，小朋友們冷落她，她卻不知道這是為何。

小芳一天一天長大，然而歧視並未減少，甚至連老師都像躲瘟疫一樣躲著她。於是，她變得越來越懦弱，開始封閉自我，逃避現實，不與人接觸。小芳最害怕的事，就是跟媽媽一起到鎮上的市集。她總是感覺有人跟在自己的身後，說自己是個沒有父親的孽種、私生子、沒有教養的孩子……。

突然，小芳生活的鎮上來了一位牧師，善良的牧師改變了這可憐女孩的一生。小芳聽大人說，這個牧師非常好。她非常羨慕別的孩子一到禮拜天，便跟著自己的雙親，手牽手的走進教堂。而她只能躲在遠處，想像著教堂裏的樣子。

一天，小芳實在忍不住，便偷偷溜進了教堂，剛好聽到牧師的一段話：「過去不等於未來。過去你成功了，並不代表未來還會成功；過去失敗了，也不代表未來就要失敗。因為過去的成功或失敗，只是代表過去，未來是靠現在決定的。現在做什麼，選擇什麼，就決定了未來是什麼！失敗的人不要氣餒，成功的人也不要驕傲。成功和失敗都不是最終結果，它只是人生過程的一個事件。因此，這個世界上不會有永遠成功的人，也沒有永遠失敗的人。」女孩的心被深深地觸動了，渾身流淌著一股暖流。但她最後還是匆匆而又不捨的離開了。

實在是太想聽牧師講的話，於是小芳又有了數次溜進教堂又匆匆離開的經歷。因為她懦弱、膽怯、自卑，她認為自己沒有資格進教堂。終於有一次，小芳聽得入迷，忘記了時間，直到教堂的鐘聲敲響才猛然驚醒，但已經來不及了。率先離開的人們堵住了她出逃的去路，她只好低頭尾隨人群，慢慢移動。突然，一隻手搭在她的肩上，她驚惶地順著這隻手臂望上去，正是牧師。「妳是誰家的孩子？」牧師溫和地問道。這句話是她十多年來，最最害怕聽到的，它彷彿是一支通紅的烙鐵，直烙小芳的心上。人們停止了走動，幾百雙驚愕的眼睛一起注視著小芳。教堂裏安靜極了，小芳又窘又怕，眼淚奪眶而出。

這時，牧師輕聲的說：「噢！我知道妳是誰家的孩子了，妳是上帝的孩子。」然後，輕撫著小芳的頭說：「這裡所有的人和妳一樣，都是上帝的孩子！過去不等於未來。不論妳過去怎麼不幸，這都不重要，重要的是妳對未來必須充滿期望。現在就做出決定，做妳想做的人。孩子，**人生最重要的不是妳從哪裡來，而是妳要到哪裡去**。只要妳對未來保持希望，妳現在就會充滿力量。不論妳過去怎樣，那都已經過去了。只要妳調整心態、明確目標，樂觀積極的去行動，那麼成功就是妳的。」話音未落，雷鳴般的掌聲爆發出來！

小芳難以壓抑，所有的委屈都隨眼淚奪眶而出。從此，小芳變了……後來的州長、世界五百大企業的總裁，也從這一刻真正覺醒了。

正如牧師所說，過去的一切不幸、委屈、困苦、輝煌都不重要，重要是對未來充滿期待。所以就讓我們忘記過去的煩惱、憂愁和痛苦，忘記他人對自己的傷害、背叛和羞辱，忘記自己對他人的恩惠，忘記別人對自己的誤解，抓住今天，努力創造未來！

如果不知道自己要的是什麼，你還能得到什麼？

要想得到什麼，必須先要清楚自己要的是什麼。人如果不知道自己想要的是智慧的頭腦，就不會去主動汲取智慧的營養；如果不知道自己想要的是位高權重，就不會主動設計和爭取自己的仕途之路……。總之，人必須要先知道自己的一生想要的是什麼，最終才能得到什麼樣的人生。

因此，有必要好好問問自己，到底什麼是自己人生中真正想要的？是美滿的婚姻？孩子的尊敬？很多的財富、高檔的汽車、成功的事業還是豪華的別墅？是想成為永不止步的旅者，還是建設家園的園丁？是想成為萬眾矚目的明星，還是一般的幼稚園老師？是想成為推動人類進步的科學家，還是普通的勞動者？是想做個普通人，還是力爭進入上層社會？

不管心裏有什麼樣的希望，當有這樣的夢想之前，不妨先問問自己這個問題：「哪個才是我最想要的？」沒有明確的目標和理想，往往是什麼也得不到的。

蘇格拉底，是著名的古希臘哲學家，他和他的學生柏拉圖及柏拉圖的學生亞里斯多德被並稱為「希臘三賢」。他被後人廣泛認為是西方哲學的奠基者。

一天，哲學家蘇格拉底的幾個學生問：「何謂人生？」

蘇格拉底沒有立即回答，而是帶領大家到一片蘋果樹林，他要求大家從樹林的這頭走到那頭，每人挑選一顆自己認為最大最好的蘋果。規則是沒有回頭路可走，沒有第二次重新挑選的機會。

於是大家走進蘋果樹林，並在穿越的過程中，認真仔細的挑選自己認為最好的蘋果。等大家來到蘋果樹林的另一端，蘇格拉底已經在那裡等候他們了。他笑著問學生：「你們挑到了自己最滿意的蘋果了嗎？」大家互相看來看去，大眼瞪小眼，最後都沒有任何回答。

蘇格拉底看到這種情形，於是說：「有什麼問題嗎？難道你們沒有找到自己最滿意的蘋果嗎？」「老師，請讓我們再選擇一次吧！」一個學生請求說，「我剛走進果林時，就發現了一顆很大很好的蘋果，但我還想找一顆更大更好的。當我走到果林盡頭時，才發現第一次看到的那顆就是最大最好的。」另一個學生接著說：「我和他剛好相反。我走進果林不久，就摘下一顆我認為最大最好的蘋果，可是，後來我又發現了更好的。所以，我有點後悔。」「老師，請讓我們再穿越一次果林吧！」所有學生一起請求說。

蘇格拉底會心地笑了，並且說：「同學們，這就是人生的答案呀。」

這個故事告訴我們，人生是一條不能回頭的單行道，出發之前就要知道自己想要的是什麼，這樣才能做出正確的選擇，得到自己想要的人生。

仔細回想一下，好像每個人都是在小的時候，有著很明確的目標，知道自己最想要的是什麼。可是隨著年齡的增長，閱歷的增加，人們往往迷茫起來，很少有人能夠再說出自己想要的是什麼？

當一個人不知道自己想要的是什麼時，做很多事情都是漫無目的的，結果自然不會盡如人意，因此只有知道自己想要什麼才是生活之道。

所以要捫心自問：「我想要的是什麼？」、「要得到它需要什麼條件？」、「我將透過什麼途徑來實現我想要的？」

當你能夠明確地回答以上三個問題的時候，你要做的就是不達目的絕不罷休的去執行，總有一天你想要的東西就會實現和得到！

智者除了有所為，還能有所不為。

無論是人生還是事業，都要抱著有所為、有所不為的態度，這才是成功之道。

管理公司就像煎魚一樣，不能隨意地去攪動牠，多攪易碎；同樣，公司管理的最高境界就是讓員工感受不到管理者的存在，他能夠目標明確、自我管理、自我激勵，把個人價值與公司價值有效的結合起來，在實現個人價值的同時，也為公司創造價值。這就是公司管理無為而治的妙處，它需要令人信服的公司文化為精神統領。

ＧＥ是聞名於世的多元化企業，前總裁韋爾許曾經坦言：ＧＥ雖然業務多元，但是文化統一，大家都不會對價值觀持懷疑或否定的態度。也就是說，用統一的文化代替了統一的業務，也能實現企業的健康發展。ＧＥ也是高度授權的，各事業部權力很大，總部是戰略和文化中心。這種模式看似「無為」，卻能夠實現「有為」，能夠做到任何的事情。

當然，有所為、有所不為是管理的不同階段。比如「無為」就是要建立在規範管理，即曾經「有為」的基礎上的，管理者要具備高超的領導藝術，要平衡集權與授權的度，有為而不妄為，有所為有所不為，無為而無所不為。亂世靠有為，治世靠無為；創業靠有為，守業靠無為；管理靠有為，領導靠無為。「有所為」與「有所不為」，需要靈活的掌握和運用。

在人生中也是如此，有所為就有所不為；有所得，就必有所失。要想獲得某種超常的發揮，就必須揚棄許多東西。瞎子的耳朵為什麼最靈，因為他眼睛看不見，所以必須豎著耳朵聽，久而久之，耳朵功能達到了超常的功能。會計的心算能力最差，二加三也要用計算機打一遍，而擺地攤的則是心算專家。在人生的旅途中，當你擁有了某種東西，相對的也會失去某些東西，當你成就了事業也許天倫就會削弱……。

有一位登山運動員，在自己摯愛的事業上做到了有所為、有所不為，他捨去了一些也得到了另外一些。在一次攀登珠穆朗瑪峰的活動中，在六千四百公尺的高度，他漸感體力不支，停了下來，與隊友打個招呼，就下山去了。事後有人為他惋惜：為什麼不再堅持一下，再攀點高度，就可以跨過六千五百公尺的登山死亡線了。他輕鬆回答說：「我很清楚，六千五百公尺是我生命中的制高點，但沒有什麼好遺憾的。」

現實生活中，很少有人能夠像這位登山者，能夠在適當的時候捨棄，有的時候「為」並不難，「不為」卻很難做到。我們往往不怕提高自己，就怕自己的高度超越不過別人。其實，任何事情都存在突破口，但不是任何人都能找到並穿越突破口，抵達更高的層次。因此，學會停止，悠然下山去是至關重要的。生命有自己的極限，超過這個極限可能會遭到報復。學會停止，是對生命的尊重，尊重不就是一塊令人肅然起敬的碑嗎？世上沒有常勝的將軍，也沒有一成不變的事物，學會有所為、有所不為，知難易，懂進退，人生才會一帆風順。

有為、有不為，有捨、有不捨，才是人生的正確之路。**人生其實就是一個選擇與放棄的過程**，如果一個人每一次都要選擇成功，那麼他所得到的將是永遠的失敗。人生是需要隨時面臨「有所為」與「有所不為」的，放不下過去的傷痛，就永遠也無法嘗試新的快樂；**不埋葬舊的記憶，就無法面對新的開始。**

許多的事情，總是在經歷過以後才會懂得。一如感情，痛過了，才會懂得如何保護自己；傻過了，才會懂得適時的堅持與放棄，在得到與失去中我們慢慢地認識自己。

其實，生活並不需要這些無謂的執著，沒有什麼不能割捨。學會放棄，生活會更容易。

有一天，一個老獵人帶著自己的學生到山裏打獵。他們沒走多遠就發現了兩隻兔子從樹林裏竄了出來，年輕人很快就取出自己的獵槍。兩隻兔子朝著不同的方向跑去，年輕人一下子不知道要向哪隻兔子瞄準了，想打這隻兔子，又怕那隻兔子跑了，獵槍一會兒瞄準這隻，一會兒又瞄準那隻，就這樣瞄來瞄去，結果兩隻兔子都不見了蹤影，年輕人感到十分的懊惱。「兩隻兔子朝著不同的方向跑，你的槍雖然快，但是也不可能同時射中兩隻呀。你要做的是瞄準一隻，放棄另外一隻，否則就永遠都不會收穫自己的獵物。」老獵人鄭重的說。

學會有所為，會使你的生命充滿鬥志，但學會有所不為，可以使負重的人生得到暫時的休息，擺脫煩惱和糾纏，使整個身心沉浸在一種輕鬆悠閒的寧靜之中；學會有所不為，便可以用充沛的精力去做最想做，最該做，最需要做的事；學會有所不為，便可以在一種無怨無悔和默默無聞的等待中，使自己的心靈得到一份超越，一份執著和一份自信。生命如舟，它載不動太多的東西，要想使其在抵達彼岸時不在中途擱淺或沉沒，就必須輕載。

記住，只取那些最需要的東西，只做那些最要緊的事情，這不僅是成就事業的關鍵，也是成就人生的關鍵；因為，人的一生傾盡全力能夠做成一件事情就已經很了不起了，就像喬木，它總是努力地長主幹；灌木，卻徒生很多枝椏，但前者會成長為棟樑，後者只能做木柴。

不要怕目標定得過高，最多退而求其次。

每個人都是自己人生目標的制定者，目標是為每個人成長服務的。因此，自身的提高比達到既定目標更加重要，所以不要怕將目標定得過高，因為目標是需要隨時調整的，有時候我們可能要退而求其次。

目標對人有著十分神奇的力量，激發並指引著你前進的動力，因此目標一定要遠大，這樣才能激發人的潛能，激發人不斷向更高的地方攀登！即使超出了自己的能力範圍，需要進行調整時，也不至於跌到谷底。

正所謂找到穀糠，那是雞的理想；找個魚塘，那是鴨的理想；當老鷹在天空翱翔，雞鴨開始大膽預測、吵吵嚷嚷。「一定是雲彩上有座糧倉！」雞如是說；「分明是銀河裏有人撒下了食物！」鴨如是說；「眼裏只有一點可憐食物的人，是不懂得真正的理想的。」

老鷹笑著說。

正因為老鷹的目光高遠，所以牠即使有一天翅膀折斷，也不會像雞為了爭搶穀糠而拚盡全力。因為牠的目標在高遠的天空，即使有一天需要退而求其次，也不至與雞為伍。相反，也正因為雞的目標太低，所以如果有一天，牠沒有能力去搶食散落的黍米，牠就只能等待上帝的施捨，因為原本很低的目標已無其次要牠退而求之。當然人們可能會說：人不可不自量力，不能總夢想著實現超越自己能力的事情，就像穴鳥。

老鷹一個俯衝動作成功捕獲了一隻小綿羊。穴鳥看到了，心想自己一定比老鷹強，就模仿老鷹的動作，從很高的岩石上向下俯衝，想像老鷹那樣用利爪抓在小綿羊身上。但是當穴鳥飛到小綿羊身上時，沒想到腳爪卻被小綿羊捲曲的毛給纏繞住，拔不出來。牧羊人發現了，就跑過去把穴鳥的腳爪尖剪掉，把穴鳥帶回去給孩子們玩。當孩子們很想知道這是什麼鳥而詢問父親時？父親說：「這是一隻穴鳥，但牠卻以為牠可以成為老鷹。」

看了這個故事，大多數人也許會告誡自己和身邊的人：人各有所長，要瞭解自己的能力而去發展。看到他人名利雙收，便想依樣畫葫蘆，是得不償失的。看到他人經營公司賺錢，忘了自己在個性、專業上不適合，便想自行創業，失敗往往接踵而來。這些說法似乎都有道理，但是換個角度講，則可以看出另一番道理。

穴鳥將自己的目標定位為老鷹那樣並沒有錯，試想，假如穴鳥學習老鷹失敗卻並沒有被牧羊人抓到，也就不會有後面被嘲笑的內容。而回到鳥巢的穴鳥就會回想失敗的原因，不外乎自己沒有老鷹那樣尖銳的爪子，沒有老鷹那樣大的力氣，但是自己有與老鷹同樣的魄力。經過這一番的分析，穴鳥也許會退而求其次將下一次的目標鎖定為一隻野兔，不成功再退而求其次將下一次的目標鎖定為一隻田鼠……。倘若，一開始穴鳥就將自己的目標鎖定為一隻毛毛蟲，那麼就沒有什麼退而求其次的目標了，人生的經歷和際遇也就自然不會相同了。

著名教育家皮亞傑曾提出「最近發展區」的理論。意思是：人們是否對一件事感興趣，完全取決於將做事情的難易程度，是否處於對這個人既有一定的挑戰性，又在其透過努力後可能完成之間上。他認為只有當人們知道自己想要的東西跳起來就能拿到時，才會調動自身的潛能去爭取。

這不正是要求人們制定目標時要超出自己的能力一點嗎？激發自己的潛能和挑戰慾望。因此，目標的確定既要基於現實，又要超越一般標準。太容易的目標，不會激發人們去實施的熱情。那麼，什麼是合適的目標呢？那就是：對自身具有一定的挑戰性，同時又能使自己相信能夠完成的目標，即使因為種種原因實現不了，退而求其次時，也不至於去面對低於自己能力而無法激發挑戰慾望的目標。

制定合適的目標，完全是仁者見仁、智者見智的事情。我們應該基於自身的能力和現有的知識、經驗，同時也要考慮外界的各種因素，最終確立最適合自己發展的目標。現實生活中的許多人並不是沒有夢想，而是很多人的夢想都不切實際，根本沒有考慮到自己的條件是否可能實現，遇到挫折的時候就怨天尤人，夢想也成了幻想。因此，只有基於現實、高於現實的目標才有可能實現，才會成為你前進的動力。

基於現實，並不意味著目標就可以降低、就可以不高遠。相反，只有那些具有較高標準、對自己有一定挑戰性的目標，才是真正的目標。這時，你若想實現這些高遠的目標，就必須使出渾身解數，展現非凡的能力；而且，即使努力過了沒有成功，只是完成了原定目標的絕大部分，那你的表現也會比過去更加出色，對每個人來說，這也是值得肯定的成長與進步。

如果不知道自己要什麼，別說你沒有機會。

沒有目標、沒有規劃的人生，更多的時候是處於無序狀態，就像無頭蒼蠅亂撞一樣。不管在戰略層面還是日常管理、生活中，目標不明確都會給人帶來諸多混亂，沒有規劃則使問題更複雜。確定自己對人生的期望目標、制定具體的實施方案，是人生管理的核心。

有些人沒有這些核心，還一味地抱怨社會不給機會，是毫無道理的。機會是具有時間性，因此機會常常只敲一次門。而成功者要善於抓住每次機會，充分施展才能，最終成功，獲得命運的垂青。就像勃朗寧所說：「良機只有一次，一但錯失，就再也得不到了。」目標與機會的關係並不微妙，有了前者才有抓住後者的意願和可能。

有一天，村裏的三個獵人想在三個人之中選出一個最厲害的獵人。想來想去，最後想出了一個方法：就是從現在開始大家用三個小時的時間去打獵，三個小時後再回到原地，誰的收穫多誰就獲勝。三人一致同意，便開始分頭行動了。

第一個人分頭行動後，開始沿著一條開闊的路走了很長時間，忽然發現前面一條大河擋住了去路，他在那裡站了很久，一籌莫展。過了一陣子，他抬頭一看，有一群鳥飛來，他舉起獵槍，一隻大鳥應聲掉到了河裏。因為水流湍急，鳥很快被沖走了，獵人下水追趕，結果只是徒勞，最終空手而歸。

第二個人分頭行動後，開始往山上走。走了一陣子卻沒路了，於是拿出刀，花了很長時間砍出了一條路，當走到路的開闊處，發現離返回的時間不多了，他也只好一聲嘆息地無功而返。

第三個人分頭行動後，也朝山上走去。他先是從一條小路繞到了半山腰，然後徑直走到了山頂，他舉槍對著頭上飛來的一群鳥，扣動了扳機，但沒有一隻鳥被打中，因為槍裏子彈還沒有裝。他捶胸頓足，不無懊惱地往回走。

他們回到村裏百思不得其解，就結伴找到一位智者來解惑。智者瞭解了三個人的經歷後說：「第一個人雖然打下來的鳥被河水沖走了，但在河的轉彎處有一棵蘋果樹，這個時節正是蘋果成熟的季節，如果眼光放遠一些，會有收穫的；第二個人是因為目標不準確，你的目標不是開闢道路；而第三個人呢，當機會來臨時，你還沒準備好。現在你們都知道答案了吧，回去好好想一想。」

暫且不說那個在機會面前沒有做好準備的人，就說前兩個人，第一個人沒有將目光放遠，歸根究底還是他沒有清楚自己最想要的是什麼。他最想要的不是那隻被水沖走的鳥，而是能夠證明自己狩獵能力的目標獵物，因此他沒有去瞄準對岸的蘋果；對於第二個獵人來說，他將自己的目標定位在開闢道路上，也沒有弄清楚自己想要的是什麼，最終的結果也就不出乎意料了，當機會來臨時，他們都無法及時把握，而不是老天沒有給他們機會。

機會往往是稍縱即逝的，而且機會的產生也並非易事，因此不可能每個人什麼時候都有機會可抓。而是要在等待中為機會的到來做好準備，明確的目標是準備的第一要素。一旦機會在你面前出現，你就知道這是不是自己想要的，是否該伸手抓牢它。

因此，每個人要想成功都必選明確自己想要的是什麼，這樣才能保證抓準、抓牢某個轉瞬即逝的機會，取得事業的成功。

第五章　哈佛大學告訴你：

正確的態度才能走在正確的路上

每個人的事業、生活所能取得的高度和成就，往往已經在自己工作或做事的態度上反映出來。

積極的人生態度首先要對自己做出正確的評判，給自己找好了定位，並不斷完善才有資格、有能力評斷他人；積極的人生態度，是要真實地活著，對自己負責也對別人負責；積極的人生態度，要學會三思而後行，學會不斷反思，在前進的道路上少走冤枉路；積極的人生態度，要善於在自身找出問題，關注細節，只有這樣才能在正確的道路上越走越遠。

先正確的評論自己，才有能力評論他人。

有些人很喜歡評論別人，這些人往往不清楚為何要評論而妄加評論。其實評論別人的目的是為了評論自己，只有正確地為自己定位好，才能有能力去評論和指導別人。

世上沒有完人，因此不要只盯住自己或別人的缺點，要正確地做出評論。一天，耶穌看到一群人用石頭要把一個婦人砸死，於是他站到婦人的前面，並且說：「你們誰自己沒有罪就扔石頭吧。」人群無言，便漸漸的散去。人群散去的原因在於：每個人都只是人而已，無權評論別人，人們所評論的，實際上是不接受的自己。

人不能只盯著別人的缺點，說這也不對，那也不對，如果換了你，也許還不如別人。所以，在評論別人的同時，最重要的是正確評論自己，這也是職場生存的重要原則。

碧翠絲剛從哈佛名校畢業，自身的優越條件使她進入了期盼已久的著名企業。碧翠絲是個很活躍的女孩，頭腦靈活，身上帶著哈佛的氣質，深得上司器重，自己也對未來充滿信心。一次所在的部門要開會，但到了會議室才發現，別的部門還沒有開完會，於是大家就在門外等候。碧翠絲卻一個人跑了進去，並且對這個部門的工作發表了自己的見解，告訴大家應該怎樣怎樣，這番指手畫腳的評論自然引起了其他部門同事的反感。這樣的事之後還多次發生，對於任何人的工作，她都會發表評論，自認為別人都沒有她想得多、想得好。久而久之，她受到了解聘的通知，對於一個名校的高材生，能力自不必說，但是卻在第一份工作上跌倒了，原因就是在沒有對自己做出正確的評論時，肆意地去評論別人，可見犯了職場的大忌。

其實，對於每位員工，特別是新人多動腦子，積極提出建議當然是好的，事實上，每個開明的長官都會喜歡這樣的下屬。但是長官需要的是在瞭解情況後，認真思考而得出的有針對性建議，而不是簡單膚淺的評論。碧翠絲其實是一個思維非常活躍的員工，但是她沒有正確評論自己的位置、能力和處境，到處評論他人的工作，犯了職場的大忌。其實，如果她能夠腳踏實地，運用自己活躍的思維和對工作的瞭解，提出有價值的建議，擺正自己的位置，對自己的各個方面做出正確的評論，是完全可以取得成績的。

然而，人往往都是在對自己做出正確評論的路上徘徊不前。俗話說：「畫龍畫虎難畫骨，知人知面難知心。」人心難測，知人難，但要知己更是難上加難。雖然一個人要正確評論自己是非常困難的事情，但如果能夠正確評論自己，就好像多了一雙睿智的眼睛，時時給自己添一點遠見、一點清醒、一點對事業、對生活更為透徹的體察與認知。

認識自己，首先就要給自己一個定位。自己到這個世界上來究竟是要做什麼的，必須有個十分清晰的描述，離開了這個描述，人就會迷茫，就會失去前進的方向，就會在一個個十字路口徘徊，這樣的人生是沒有意義的。

認識自己的目的就是更清楚自己，從而找到與自己素質相對應的目標，憑著自己素質上的信號找到這一目標後，才能攻其之，攻出成果，由此及彼不斷擴大。

認清自己、正確評論自己是人類最高智慧之一。一個不斷經由認識自己、評論自己而改造自己的人，智慧才有可能漸趨圓熟而邁向充滿機遇之路。然而有許多人無法取得事業的成功，主要是因為不能正確評論自己，反而經常對別人進行評論。殊不知，評論他人必須要在正確評論自己的基礎上，否則就會犯錯。

洛克菲勒先生這一點就做的非常好，他有一個突出的優點，這個優點幫助他從一個默默默無聞的小人物，成長為如今家喻戶曉的大人物。這個優點就是：他堅持以事實作為他商業哲學的基礎，並且他只習慣於與他終生事業有關係的事打交道。有些人說，洛克菲勒先生有時對待他的競爭者並不公平。這種說法可能是真的，也可能不是。但是，從來沒有任何人指責洛克菲勒先生對對手的實力「輕易判斷」或「估計過低」。他不僅能一眼看出與他的事業有切身關係的事實，任何時候只要他一發現，他就能一眼看出來。而且，每次他都要主動尋找這些事實，直到找到為止。

洛克菲勒的這一優點或許並不外露，卻很實用。與那些總是鋒芒畢露，輕易對別人做出評論的人相比，這就是他的過人之處吧。

無論是評論別人還是評論自己，實際上是認識的理性化過程。因此要盡量全面地認識自己和別人，克服片面性，特別是評價別人的標準應該客觀正確，不能把別人說的一無是處，也不能把別人的缺點當長處學。要保證自己在評論的時候不出錯，最重要的就是給自己一個正確的定位和出發點，從這個角度去評論別人，才能保證實現客觀公正的效果。

你是否欺騙別人，或是自己？想清楚再回答。

關於一個普通士兵在事業上實現跨越發展的故事，有時候上帝青睞的人就會很容易成功，當然這是凡人眼中的想法，他們無法深入地發現其中更深刻的事情和道理。

某司令部的野營駐訓部隊，這裡正在舉行一次長跑比賽，長官非常重視這次比賽，他們決定從中挑選幾個人去執行一項艱巨而光榮的任務。為此，這次長跑比賽，上級長官精心選擇了一條十分具有挑戰性的路線。

比賽進行中，士兵馬克身材瘦小，他已經多次感到體力不支，眼看著自己越來越落後了，此時他發現，似乎越往後的路線越複雜，到後來他已經是快跑不動了。不過，有一個念頭始終支撐著馬克的雙腿，那就是：「不論第幾名，哪怕是最後一名跑到終點，我也要完成這次的比賽」。

就在馬克感到體力快透支的時候，他的前面出現了一個岔路口，旁邊豎立著兩個指示牌。更令人訝異的是，指示牌上的箭頭分別指向兩個不同的方向，文字赫然寫著：「前方軍官跑道」、「前方士兵跑道」的牌子。

憑藉自己從軍多年的經驗，馬克知道軍官跑道肯定更容易到達終點。雖然心中有一些不平，但馬克依然朝著士兵跑道的方向繼續跑去。但很多士兵看到了指示牌，大多數的人選擇了軍官跑道。

奇怪的是，馬克感到路似乎平坦了許多，跑起來也更輕鬆。更令人訝異的是，馬克沒跑多遠，居然在通過一個黑暗的隧道之後就看到了前方飄揚的彩旗，還有設在終點處的主席台。原來，他已經跑到了終點，他簡直不敢相信。

當馬克跑到終點時，他看到大衛將軍親自過來與自己握手，並且祝賀他跑出了前十名的好成績。馬克感到不可思議，過去他甚至連前五十名也沒有取得過。他問起大衛將軍那些選擇軍官跑道的士兵都在哪裡，將軍告訴他：「他們還在路途中，不知道天黑之前能不能到達。」原來，當初設置指示牌的目的，並不是要讓軍官和士兵分開賽跑，因為這次越野賽根本就沒有一名軍官參加。而上級做出這樣精心設計的原因，就是希望找到誠實的人去執行光榮而艱巨的任務。

這次比賽的結果，馬克用自己的誠實贏得了比賽，贏得了執行重要任務的機會，更重要的是為自己在原本希望不大的事業上開拓了新路。

馬克的故事告訴我們：當你對生活表現出的態度越誠實，生活給你帶來的快樂和成功也就越多。不欺騙別人，也不欺騙自己，才是安身立命、成就事業的根本。海涅曾經說過：生命不可能從謊言中開出燦爛的鮮花；愛琳・卡瑟也說過：誠實是力量的一種象徵，它顯示著一個人的高度自重和內心的尊嚴感。馬克能夠獲得最後的成功，就是誠實賦予了他力量，而其他選擇了軍官道路的人，只能落得欺人者自欺的下場。

捫心自問，你欺騙過別人嗎？欺騙過自己嗎？恐怕答案為否的人並不多。對於一般人來說誠實一次不難，難的是面對任何情況都能選擇誠實。不欺騙人不難，難的是面對自己時也能夠客觀分析、正視事實。作為一個在職場中打拚、奮鬥、競爭的「弱勢者」，可能很多人都會選擇不誠實的方式來自我保護。

但是如果「自保」成了自然，那麼欺騙、勾心鬥角也就成了自然。如果你覺得做一個不說真話的員工對自己沒什麼壞處的話，那麼做一個撒謊、貪心、爭功、推卸責任的員工也沒什麼問題嗎？每個人都希望在職場上不斷發展，在事業上不斷邁進，那就必須嚴格遵守誠實守則，對別人誠實，更對自己誠實，遠離欺騙。

有一家世界五百大的企業正在招聘員工，條件自然是很苛刻，前往應徵者也都是具有高學歷的人。當第一位應徵者走進房間時，主考官立即露出興奮之色，像他鄉遇故知一樣熱情地說：「你不是哈佛大學某某研究生嗎？我比你高一屆，你不記得我了？」這位應徵者心裏想著：「他認錯人了。」此時，承認自己有哈佛大學的學歷對應徵絕對有好處。但這個應徵者卻秉持一向的誠實做事風格，冷靜而客氣地說：「先生，您可能認錯人了。我不是哈佛大學畢業的，雖然我很嚮往那裡。」

應徵者有些小小的失望，覺得自己不會被錄取。然而沒有想到，主考管和顏悅色的對他說：「你很誠實，剛才就是我們考試的第一關。現在我們進行第二關的業務水平測試……。」最後，這位應徵者被錄取了。如果這個應徵者沒有把持住自己，承認自己是哈佛大學畢業的，那麼後果可想而知。

樹立誠實做人的良好品質，是關係到人一生的事，正所謂：「無信不立。」就是說若想在社會上立足，就必須講求誠信、遠離欺騙。怎麼樣才能做到誠實守信呢？這也不難，就是要實實在在做事、勇於承擔責任，久而久之就能夠得到他人的信任，自己的道路也會越走越順。

三思而後行的人，很少會做錯事情。

很多人做事只憑一時的衝動，而不是深思熟慮，不能做到周全，因此也就經常會做錯事。「三思而後行，謀定而後動」，是克服衝動的最佳良藥。三思而後行，思考些什麼東西呢？思考的是問題的根源和起因。問題發生後，就需要知道發生問題的根源是什麼，導致問題的誘因是什麼。只有當這些問題的正確答案都找到後，才能考慮解決的方法。

之所以要三思，是因為問題的發生是很多原因導致的，其背景是複雜的，單憑直覺很難得出正確結論，往往需要一段時間的分析歸納或者調查研究，才能理出頭緒。而且也有被人製造假象，提供虛假線索的可能，一不小心就有誤入歧途的危險。所以，思維必須要精細縝密。思考一遍還不夠，還需要檢查一遍，然後在行動之前還要複查一遍，確保行動萬無一失。

獅子和獵豹進行了一次合作，因為獵豹不善於三思而後行，將合作項目盲目答應，導致自己犯了大錯。牠們合作的前提基礎是：獅子的力量大，而獵豹跑得很快，獅子提議，二人一起狩獵，並聲稱這是優勢互補，互利共贏的無敵組合，獵豹想了一下覺得有道理便與獅子合作一起狩獵。有了豐收後，獅子把獵物分成三等份，說：因為我是萬獸之王，所以要第一份；我幫你狩獵，所以我要第二份；如果你還不快逃走，第三份就會成為使你喪命的原因了。此時，獵豹大驚，但是後悔已經來不及了。

在這個故事中，獵豹在接到與獅子建議合作事項時，也做了考慮，但是考慮並不周全，牠的思考僅局限於獅子已經設計好的，當然那些也都是切實存在的、也是有道理的。但是很顯然獵豹沒有從自身出發，進行正反兩方面的對比，沒有想到雙方實力懸殊，一旦合作破裂自己就只能任由獅子擺布。商業合作、公司經營也是如此，若因為想併合，財力弱小的公司聯合比自己財力雄厚的公司，不經過深思熟慮，將各個階段、各種可能出現的情況以及應對這些情況的措施全部考慮清楚，最後的結果通常是得不償失的。

三思而後行是一種職業素質，它要求人在面對問題時沉著冷靜，不急於立即採取行動，而是靜下心來仔細思考。心急的人往往會不耐煩地催促趕快採取行動，因為他們總是擔心時間緊急，再不採取行動就來不急了，其實，越急就越容易出差錯。如果事先沒有考慮好，路沒走對，反而會耽誤時間。這正印驗了那句「磨刀不誤砍柴工」的古話。其實先把刀磨利了，看起來耽誤了起跑的時間，但是在執行的時候既省時間又省力氣，效率自然就高。也像外出旅遊，事先安排好行程，順著標誌一路走去，就可以不繞遠路，節省時間。如果慌忙上路，看起來節省了謀劃的時間，但是如果走錯了路，可能就會浪費很多的時間。而且事先謀劃好，就可以應對各種突發事件，保障旅行的順利進行。

身為一個公司的經營者也是一樣，在制定一個經營決策時，一定要整體考慮各方面的因素，而不能被一時的利益蒙蔽了眼睛。三思而後行在複雜的社會裏，能夠有備無患地做出正確的決定並付諸行動，因此在做出決策之前確實有必要反覆思考。輕率、衝動的做法，往往導致意想不到的錯誤，常常會吃大虧。相對於其他條件，三思而後行其實是提升工作效率的關鍵，是行走職場必須的，更是商業競爭中的必然，充分的思考，可以保證少走錯路，減少在實現最終目標過程中浪費掉的時間。

不要忽視細節，宇宙由原子構成。

正所謂「天下大事，必做於細」，細節已經成為事業成功的必要條件。真正想成就大事的人，從來不輕看小事的作用，而是把工作做到每一個細節處，因而獲得了老闆的賞識，得到更多的發展機會。

細節在某種意義上說就是一種創造，細節是一種功力，細節表現修養，細節展現藝術，細節凝結效率，細節產生效益。能夠看得見細節的人，不僅能夠認真對待工作，而且可以把小事做細，從而使自己走上成功之路。

細節往往隱藏在一件大事情中的某個角落，事情成功後似乎與其無關，但是如果在事情成功之前，這個細節被忽略或者出現問題，那麼整個大事件也不會順利完成。

美國的一位商人與英國的一位商人之間有生意往來，他們通常都是透過發電報進行業務往來。有一次前者給後者報價，這樣寫道：「一萬噸大麥，每噸四百美元，價格高不高？買不買？」而英國的那個商人本來是想說：「不！太高。」可是電報裏卻漏了中間的句號，就成了「不太高」。這一個小小的細節，使這位英國商人損失掉數十萬美元。

上面的事情，在今天的社會也許不會再發生，但細節的重要性卻清晰地顯現出來。因小失大，是非常不值得和愚蠢的行為。能夠最終取得事業成功的人，他們在工作中不會滿足於「差不多」、「還可以」，他們追求的是在自己能力範圍內把工作做到最好。

每一個職場人士，要想得到發展和進步，就必須要注重細節，才能把工作做的更完美。數不清的偉大發明、商業奇蹟、事業成功都來自於對細節的注重。

「萬有引力定律」，是牛頓在無意間發現蘋果成熟後，由樹上向下掉這一細節而提出的；「青黴素」，是弗來明對葡萄糖菌被污染這一細節，深入思考之後發明的；「浮力定律」，是阿基米德在洗澡時，注意到洗澡水會溢出澡盆這一細節，並由此獲得靈感而發現的。

「沃爾瑪」，世界零售業鉅子的產生，是堅持從「降低成本，為顧客省錢」這一細節入手，逐步發展而來的；「豐田汽車」，享譽世界的聲譽，也是從精細化的生產管理落實到細節之中，而創造的；世界著名的希爾頓飯店，其創始人康尼・希爾頓也是一個注重細節的人，他要求他的員工：「大家牢記，千萬不要把憂愁擺在臉上！無論飯店本身有何等的困難，大家都必須從這件小事做起，讓自己的臉上永遠充滿微笑。這樣，才會受到顧客的青睞！」正是這小小的要求，看似與增長業績關係不大的細節，使希爾頓飯店享譽世界，成就了一個商業佳話。

細節往往更能把個人潛在的智慧和力量有效地發揮出來，才能少走冤枉路，少出紕漏，在通往事業成功的道路上穩操勝算。細節如此重要，如何培養注重細節的好習慣，提高善抓細節的能力呢？

每個人在小的時候就學習過達・芬奇畫蛋的課文吧。為了把一個蛋畫好，達・芬奇千百次的不停畫圓圈。任何事情都是這樣，把細節做好，最好的辦法就是對小事進行訓練，形成習慣。奧運會上的跳水運動員，他們在取得冠軍時，就在於那麼微小的一個動作，而這個動作卻是日積月累，長期訓練的結果。可以說，對細節的注重與否，決定了人生的成敗。

培養細節能力就是要堅持從各種小事做起。細節存在於每個人的身邊，比如嚴格遵守作息時間，上、下班時，不遲到、不早退，保持良好的工作態度這就是細節；節約一滴水、一張紙、一度電，養成隨手關燈、關門窗的習慣是細節；出自自己手中的每一項工作都沒有錯誤，這都是注重細節的表現；手頭的工作，對其來龍、去脈、淵源、具體的環節，如何操作、如何規劃等，這都是注重細節；生活中給同事、親人的一句安慰、一句問候、一杯暖茶、一張椅子，都是細節……。

不注重細節時，往往不會有體會，一旦養成了關注細節的習慣和能力，就會慢慢覺得自己的人際關係越來越好，工作效率越來越高。

反思是前進的伴侶，優秀是卓越的敵人

反思就像是一面鏡子，一個能與心靈對話的窗口，它可以使你看到更真實的自己，聽到自己受益的批評或建議。

一個知名大學的外文系畢業生以優異的成績畢業，開始了自己的求知之旅。他寄了許多英文簡歷到一些外商公司應徵，但他所收到的答覆都是不需要這種人才。其中有一家公司甚至還寫了一封信給他：「我們公司並不缺人，就算我們有需要，也不會聘請你。雖然你自認為懂得英語，但是從你的簡歷中，我們發現你的文章寫得並不是很好。更為嚴重的是，連基本的文法也出現了錯誤。」

這位畢業生收到信後很不服氣，打算寫封信為自己討回公道。但是當他平靜下來之後，想了一想：「對方可能說得對，或者自己在文法及用語上犯了錯，卻一直不知道。」

於是他寫了一張謝卡給這個公司：「謝謝你們的指正，我會更加努力改善自己的。」

信寄出幾天後，意想不到的事情發生了：他收到了那家公司的聘書。

回想一下，當你在面對類似於上面那種使人難堪的批評時，會不會像那個畢業生能夠靜下心來，反思自己，虛心接受別人的批評？「謙受益，滿招損」，當你對別人的意見不以為然，自以為是時，你最好靜下心來，反省自身，這樣就會變得謙虛，變得更加成熟。

一隻狐狸為了抄近路，決定翻越眼前的籬笆到大馬路上走。就在狐狸跨越籬笆的時候，腳滑了一下，幸而抓住一株薔薇才不致摔倒，可是腳卻被薔薇的刺給刺傷了，流了許多血。

受傷的狐狸就埋怨薔薇說：「你太不應該了，我是向你求救，你怎麼反而傷害我呢？」

薔薇回答說：「狐狸啊！你錯了，我的本性就帶刺。我從來不會去刺任何人，都是別人不小心、不注意才會被刺到的呀！」

這隻狐狸在遭遇挫折時不僅不反思整個過程，反而遷怒於人，這又有什麼用呢。

反思其實是一種學習能力，只有認識到自己所犯的錯誤，才能改正和不斷的學習到新的東西。心平氣和的正視自己，客觀的反省自己，是一個人修身養性必備的基本功之一，也是增強人之生存實力的一條重要途徑。

一家公司在招聘人員，前來應徵的人很多，公司為他們安排了三次考試。

第一次考試結束，甲以九十八分的好成績排在第一名，乙則以九十四分的成績位居第二。

第二次考試開始，令所有人不解的是，試題竟然與第一次考試的一摸一樣。在監考人員反覆強調，試卷沒有錯以後，甲便不加考慮，根據第一次的答案，還不到一半的時間就自信地交了卷；多數應徵者交卷的時間也都大大提前。考試結果，甲仍以九十八分的成績名列第一，而乙則以九十七分的成績排在第二。

第三次考試開始了。令人不解的是，試題還是和前兩次一樣。監考人員大聲宣布說：「這次試題和前兩次一樣，都是公司的安排。誰認為這樣考試不合理，可以放下考卷，離開考場。」應徵者不得不安下心來寫考卷。絕大部分考生都和甲一樣，照前兩次的答案，很快寫完了考卷。不到半個小時，考場已經空空如也了。只有乙皺著眉頭、冥思苦想，直到最後一刻，他才交了自己的考卷。

第三次的成績揭曉了，甲和乙都是九十八分，並列於第一名的位置。隨後的錄取結果也公布出來，只有乙被錄取了。

甲苦思不解，他決定找公司負責人問個究竟。在總經理辦公室，甲理直氣壯地質問總經理：「我三次都考了九十八分，為什麼不被錄取，反而錄取了前兩次成績都比我低的人？這種考試公平嗎？」

總經理心平氣和地對甲說：「我們的確欣賞你的考試成績。但公司並沒有說，誰總分最高就錄取誰。總分的高低，只是錄取的一個標準，並不是唯一的依據。不錯，你每一次都得到最高分，可是你每次的答案都一模一樣。如果我們公司也像你答題一樣，總是用一個思維模式，一成不變地經營，公司能擺脫被淘汰的命運嗎？我們需要的職員，不僅僅要有才華，更應該懂得反思。善於從反思中發現錯誤、漏洞的人，才能有所進步。職員有進步，公司才能有發展。公司用同樣的試卷進行三次考試，不僅僅是考你們的知識，更是在考你們的反思能力。而你在整個考試的過程中，都沒有表現出具有反思的能力，我們也只能感到遺憾了。」

職場中的每個人，每天做的工作都看似是簡單的重複。但事實上，身邊的環境都是在不斷變化的，如果這時自己的工作還是僵硬不變，那肯定是註定要失敗的。那麼就要透過反思、總結、對比才能做出合乎邏輯、順應實際的變化，這樣工作才能越做越好。這就是反思的力量，它會幫助你前進。過於優秀的人往往沒有反思的機會，因此也就難以實現更多的超越。所以說，反思是前進的伴侶，優秀是卓越的敵人是很有道理的。

沒有問題的時候，往往是存在最大問題的時候。

哈佛大學畢業生斯丁在一家著名刊物上發表了一篇文章，講述了自己在畢業後第一份工作中的經歷。斯丁在學校裏成績很好，畢業後到一家大型企業去應徵。人事部對他的資料和面試表現十分滿意，很快就被正式錄取到財務部工作。由於部門裏只有他是一個知名的大學生，所以大家對他都很尊敬。這本來是正常的事，他卻因此產生了驕傲的心態，任何時候都表現出一副「我很能幹、沒有問題」的派頭。開始時財務經理好心地提醒他，他卻總是一笑置之不理。

一次，財務經理讓斯丁憑證登錄資料明細帳，這本來就是件極為簡單的工作，一千多張憑證他兩天也就登錄完了。但他覺得自己是大材小用，言語之間頗有微詞。不久開始核對總帳時，他竟驚訝地發現自己無論如何帳都對不上，即使在這個時候，他也不是仔細的檢查自己的工作，而是開始懷疑總帳有誤。

於是，他再一次自信地找到財務經理，用很肯定的語氣告訴他自己沒有錯，應該是總帳錯了。財務經理則要他再仔細檢查一遍自己的帳目，卻被他拒絕了。看到這種情形，財務經理就親自來覆核，很快就發現了他做帳時出現的一個致命錯誤。儘管斯丁也感到很羞愧，但最終還是被辭退了。

離開時，財務經理與他談了一次內心話：「年輕人，你很聰明，但不能聰明的過了頭。你很有傲氣，這可以理解，但工作需要的不是傲氣，而是腳踏實地。別小看一個數字的錯誤，公司可能由此遭受巨大的損失，這個責任由誰來負？我的年齡足以做你的父親，本來我可以原諒你，但是我想如果不讓你受到一點挫折，你就很難會吸取教訓。希望你從此不要盲目地說『沒有問題』，凡事多想想自己有什麼做的不好或不夠！」

這個事件給了我們很深的啟示，尤其是在這個越來越講究職業操守的時代，以這種「沒有問題」來敷衍工作的人，只會越來越不受到歡迎。事實上，許多無法挽回的失敗，正是由於某些人「沒有問題」造成的。**哈佛大學有句名言：「沒有問題的時候，往往是存在最大問題的時候。」**

英國有一家規模不大的公司，業務很穩定也很少開除員工。有一天，資深員工卡特在切割台上工作了一會兒，就把切割刀前的防護擋板卸下放在一旁。沒有防護擋板，雖然埋下了安全隱患，但收取加工零件會更方便、快捷一些，這樣卡特就可以趕在中午休息之前完成三分之二的零件了。不巧的是，卡特的舉動被主管懷特逮了個正著。懷特大怒，命令他立即裝上防護板，並聲稱要作廢卡特一整天的工作。

隔天一上班，卡特就被通知去見老闆。老闆說：「你已是老員工了，應該比任何人都明白安全對於公司的重要性。你今天少完成了零件，少實現了利潤，公司可以在別的時間把它們補起來，可是你一旦發生事故、失去健康乃至生命，那是公司永遠都補償不起的……。」

離開公司時，卡特流下了眼淚。他在這裡工作的幾年間，有過風光，也有過不盡人意的地方，但公司從來沒對他說不行，但這一次，碰到的是觸及公司核心的事情，這樣的錯誤自然要付出代價。

雖然一直表現出色的卡特被開除了，但是懷特和老闆的做法避免了出現傷亡事故，對卡特和公司來說，都是一種很好的保護。

這個事情告訴我們，在工作中及時發現問題，可以避免出現重大的操作失誤，是每個職業者必須喚起的意識；另一方面，如果你看到同事潛在的問題，一定要及時通知和指導他，不僅能夠避免出現大的失誤，還能展現出你強烈的責任感。

回想上學的時候，老師在提問問題時，看看有多少學生是低著頭，生怕被老師指名到？工作時出現問題，上司大發雷霆，看看有多少員工膽戰心驚，唯恐被老闆點名批評？人，天生有種避重就輕的傾向，習慣於在輕鬆的環境下生存，卻討厭面對困難；人，天生有一種害怕責任、害怕承認錯誤的心理，總希望一帆風順。在我看來，逃避問題的人，是懦弱的人。

這種懦弱的表現，讓我們在遇到問題時，習慣於把問題留給別人去解決，把錯誤留給別人去改正，把矛盾留給別人去處理，把困難留給別人去面對，而我們卻在一旁慶幸自己溜之大吉，可以隔岸觀火，好像獲得了巨大的解脫；這是多麼缺乏責任心的表現啊！要想成為成熟的職業者，成為成功的職業者，你要經常喚起自己的問題意識，不要在工作中的任何時候掉以輕心，畢竟，問題就像潛伏著的火山，隨時都有可能爆發。如果能發現工作中的問題，並及時做出處理，或許，這對你是一個很好的機會，會因此受益匪淺。

第六章　哈佛大學告訴你：

在批評聲中才能成長的更快

批評是一種力量，是促進人改正錯誤和正確的力量，但也要講求方式和方法。

對人不能輕易批評別人。因此在生活和工作中，我們不要批評自己不瞭解的人，而是要趁機向他學習；不要在沒有換位思考的情況下，隨意批評別人的行為。

對己：不要怕受人批評。因為只有什麼事情都不做的人才不會受到批評，當你提出新的觀念，就要準備受人批評；不能忍受批評，就無法在職場中快速成長！

一事無成的人才能免於被批評。

人不能期望一生都不受批評，因為只有不犯錯的人才不會受到批評，而不犯錯的人通常都是那些什麼事都不做的人，所以他們很難有成功的一天。

一位智者與其得意門生之間的一件事，就很好的說明了這個道理。

古時候，一位遠近聞名的智者有一個得意的門生，但是他卻經常批評這個學生，學生心中很不能理解。有一次，智者又責備了學生，學生覺得自己非常委屈，因為在智者的許多學生之中，他是被公認為最優秀的，但他卻常遭到智者的批評，這讓他覺得很沒有面子。於是，學生憤憤不平地問智者：「老師，難道在這麼多的學生中，我竟是如此差勁，以至於要時常遭您老人家責罵嗎？」智者聽完反問說：「假設我現在要上阿爾卑斯山，依你之見，我應該要用良馬來拉車，還是用老牛來拖車？」學生回答說：「再笨的人也知道要用良馬來拉車。」智者又問：「那麼，為什麼不用老牛呢？」學生回答說：「理由非常簡單，因為良馬足以擔負重任，值得驅遣。」智者說：「你說的一點也沒有錯。我之所以時常責罵你，也是因為你能夠擔負重任，值得我一再教導與匡正。」聽了智者這番話，學生立刻明白了老師的用心良苦。從此不再排斥受到批評，而是在每次受到批評之後，加倍努力修正自己，最後成為一個有所成就的人。

上面的故事告訴我們，別人給予自己正確的批評，正是對自己的認知和改正，是完善自己的最好機會。

因此，當你因受到批評而不舒服，或因害怕批評而逃避，這都是錯誤的行為。不要把批評看成是讓自己丟臉的行為，批評對你的益處會讓你一生受用不盡，尤其是那些善意的批評。你所要做的是，接受這些批評，並且坦然地面對它。

誰都不敢保證在職業生涯中不會遭受上司的批評，在受到上司批評時，最需要表現出你的誠懇態度；最讓上司生氣的就是他的話被你當成了「耳邊風」。如果你對批評置若罔聞，我行我素，這種行為也許比當面頂撞更糟，因為你的眼裏沒有上司。或許你感到很委屈，覺得上司批評錯了。其實，批評有批評的道理，即使是錯誤的批評，也有其可接受的出發點。接受批評能展現對上司的尊重，對待錯誤的批評，你處理的好反而會變成有利因素。

因此我們要感謝別人提出對自己有益的批評，別人的發現和智慧完善自我。人無完人，誰都要隨時準備接受批評，就連美國前總統羅斯福也只敢期望自己能在四次裏面，有三次是正確的；最偉大的科學家—愛因斯坦，也曾坦承他的結論九九％都是錯誤的；美國福特汽車公司為了瞭解管理與作業上有何缺失，特地邀請員工對公司提出批評；法國作家拉勞士福古也曾說：「敵人對我們的看法，比我們自己的觀點可能更接近事實。」美國一家公司的總裁查理斯・盧克曼曾經用一百萬美元請鮑伯・霍伯上廣播節目，原因是鮑伯從不看讚賞他的信，只看批評的信，因為他知道可以從中學到東西。可見凡是有所成就的人都能夠正確認識、正確運用批評的作用，來推進自身能力的完善。

在美國的高露潔公司，曾有一位推銷員就以主動請求批評來推動自己前進。當他開始為高露潔推銷時，訂單接的很少。他擔心會失業，他確信產品或價格都沒有問題，所以問題一定是出在他自己的身上。每當他推銷失敗，他會在街上走一走想想什麼地方做的不對，是表達的不夠有說服力，還是熱忱不足？有時他會折返回去，找商家說：「我不是回來繼續推銷產品給你的，但我希望能得到你的意見與指正。請你告訴我，我剛才什麼地方做錯了？你的經驗比我豐富，事業又成功，請給我一點指正，直言無妨，請不必保留。」他這個態度為他贏得許多友誼和珍貴的忠告。憑著這種主動請求批評的態度，他最終成為了高露潔公司──這個全世界最大的日用品企業之一的公司總裁。

你會覺得不可思議嗎？但事情就是這樣發生的。

身在職場的你，如果經常對上司的批評不服氣，發牢騷，而不是檢討自己修之改之，那麼，就會讓自己與上司之間的互動關係惡化。一旦上司認為你是一個「批評不起」的員工時，也就會認為你是「用不起」了。

因此，在批評面前，不要總是不假思索地採取防衛姿態、急於辯護，而是要認真思索，加以改進，使這個批評為我所用。一個連批評都能為己所用的人，還有什麼能阻擋他前進的道路呢？

不要怕不公正的批評，但要知道哪些批評是不公正的。

批評有很多種：善意的、惡意的、無意的、正確的、錯誤的、公正的……。現實生活中有許多人不能也不願意接受批評，原因就是有很多惡意或者錯誤的批評總是使自己很委屈，甚至無法接受。當我們面對這種批評時，要做到不害怕，但是內心要清楚哪些才是不公正、不正確的批評。

托尼從小就對音樂有著特殊的喜愛，他在大學時期也是主修音樂。同學泰勒對他那種對音樂地投入，每天花那麼多時間練習的精神而感到相當敬佩。畢業後，托尼順利申請到了獎學金繼續深造。不久之後，泰勒順道去拜訪他，托尼告訴泰勒他每天仍然苦練八～十個小時的鋼琴。泰勒覺得一切都在意料之中，他也更加堅定地相信托尼成為鋼琴家的夢想越來越近了。

一年之後，泰勒與托尼再一次相見，景象卻已大為不同。因為，托尼整個人都變了。他申請到最好的音樂學院獎學金，但是讀了八個月就中途輟學了，他之所以做此決定，主要原因就在於：他常常在不同的聽眾面前演奏，而且常受到各種批評；有的很中肯，但有的卻是惡意攻擊，而他難以承受這些批評，從此一蹶不振。當泰勒再看到他時，他已有整整一個月沒碰他心愛的鋼琴了！他深陷沮喪，讓他的父母也十分擔憂。不管泰勒怎麼勸，都沒辦法讓托尼釋懷，那些無謂的批評像利劍一般刺入他的心中。他在心理上無法面對惡意的批評，因而喪失了追求夢想的勇氣。他決定改行去當老師，回大學去拿教育學位。不過，不管朋友和家人怎麼勸他，他甚至連「教」音樂也不願意。泰勒為自己的同學感到遺憾：他是那麼有天份，然而卻因為一些負面的批評阻礙了他在音樂方面的發展，斷送了追求藝術更臻完美的機會。這對於托尼來說，實在是太不值得了。

看來，批評也是一把雙刃劍，它既可以幫助人進步，也可以使人一蹶不振，關鍵在於你能否分清哪些是中肯的批評，哪些是惡意的批評，然後再區別對待。在職場打拚也是如此，有些人的批評是值得聽的，但也有很多是惡意批評的人。

我們應該養成接納別人批評的習慣，因為對方批評我們或許根本毫無所得，甚至還會失去某些東西，不管他們說的對不對，但他們的用意可能都是好的，他們只想防止錯誤發生罷了。要把遭到批評看做是一種機會而非災難，這聽起來可能很難，特別是遭受了不公正的批評之後。

阿姆斯壯在準備召開一次股東大會時，有一位知名報社的記者問他是如何應對惡意的批評。阿姆斯壯做出了聽之、任之的回答。

是呀，在面對那些不公正的批評時，不論你的回答多麼有理有據，對批評的回應只會招致更多的盤問，讓攻擊你的人獲得更多的關注。對每次質問都做出回應，就等於把辯論的主動權交給了你的批評者。不論誰選擇了戰場，都會利用優勢創造傾向己方的有利條件。

面對這種批評，保持平靜最重要，明辨是非是基礎，用不著激烈的反駁。可以先去傾聽，然後調整自己，表示自己會對問題好好考慮，這樣會使那些惡意攻擊自己的人感到無趣，也有助於自身的提升。

不要批評你不瞭解的人，要趁機向他學習。

批評別人的時候也是要講求方法的，特別是對那些你不熟悉的人提出批評時，否則你出自善意的批評，或許會給對方造成困擾。對於那些自己不瞭解的人，要以學習為主而非批評，在學習中瞭解別人，並且提升自己。

事實上，當你對一個人提出批評時，無非是處於以下幾個原因：一是對方真的做錯了事，透過你的批評，對方可以找到錯誤的原因，並及時加以改正；二是間接表達自己對被批評人的一種評價；三是你非常重視對方，希望他能力排眾議快速成長；四是存心惡意批評。

去除第四點的存心惡意批評，其他三點都無法適用於一個你還不瞭解的人。所以，對於一個你不瞭解的人，重要的不是對其提出批評而是要時時刻刻留意他、瞭解他，最終掌握這個人的特點，深入瞭解其實力，這一過程也是提高自己的過程。

奧格・曼迪諾曾經說過：「不要批評對方。」對於一個思想成熟的職場人士來說，當你想要批評人時，就要克制自己將嘴閉緊；而當你想讚美別人的時候，就要大聲地說出來。對於一個自己不瞭解的人，或者是自己作為一個新人來到另一個公司時，更要如此，這樣才能拉近彼此的距離，使你自己在不繳學費的情況下，學到更多的知識。

一位鬍子花白、牙齒掉光的百歲智者，一個人住在高山頂上。男女老少都非常尊敬他，不管是誰遇到大小事情都會來找他，請他提出一些忠告。但智者總是摸著花白的鬍子、微笑和藹地說：「我哪有什麼好的忠告提供給你們呢？」

有一天，一位年輕人不辭辛苦跋涉到山頂，誠心誠意地請求智者給個忠告。智者仍然婉言謝絕，但年輕人苦纏不放。智者無奈只好拿來兩塊木板、一堆螺絲釘、一堆鐵釘；另外，他還拿來一把榔頭、一支鉗子、一支螺絲起子。他先用榔頭在木板上釘鐵釘，但是木板很硬，費了很大勁也釘不進去，即使把鐵釘敲彎了也釘不進去，一下子好幾根鐵釘都被敲彎了。最後，他用鉗子夾住鐵釘，用榔頭使勁敲，鐵釘雖彎彎扭扭地進到木板裏去，但木板也裂成了兩半。智者又拿起螺絲釘、螺絲起子和榔頭，他把螺絲釘放在木板上用榔頭輕輕一敲，然後拿起螺絲起子旋轉了起來，沒費多大力氣，螺絲釘便鑽進木板裏了。智者指著木板笑笑著說：「硬碰硬有什麼好處呢？說的人生氣，聽的人上火，最後傷了和氣，好心變成了冷漠，友誼變成了仇恨。我活了這麼大年紀，只有一個經驗，那就是絕對不向自己不瞭解的人提出忠告。當需要指出別人錯誤的時候，我會像準備這些東西的過程一樣，先去瞭解別人，然後看是適合用鐵釘，還是適合用螺絲釘，隨後再耐心的、婉轉的表達自己的忠告。」

老人之所以成為智者，就是因為從不向不瞭解的人提出批評，我們這些平凡人，又怎麼能隨便對別人提出批評呢？

日常生活中，很多人都喜歡挑別人的缺失，而不是善於發現別人的優點。行走職場一定要養成一種習慣，當你是一個新人時，周圍全是不瞭解的人，此時需要的是讚美別人而不是批評別人。因為此時的你需要向前輩學習的地方還很多，自己是最沒有資格提出批評的人了。當你看到一個新人來到自己身邊的時候，雖然他是新人，你也不能以老員工自居，不斷挑剔、責難和批評，而要在他一進門時，就開始觀察其言行舉止，深入瞭解他的過人之處，學習他身上有而自己身上缺乏的東西，這就是職場的智慧。

不要怕被人批評。

正如前面提到的：有益的批評是你完善自我的條件之一。對每個人來說，一生之中都會受到許許多多的批評，這其中有一部分是善意的，也有一部分是惡意的。不管是善意的還是惡意的，只要是批評，都會讓每個人心裏感覺不舒服。因此，面對他人批評的時候，你所做出的反應是最能顯示你內心自尊狀態的，當你缺乏信心的時候，他人對你的負面評價，往往會被你當作是人身攻擊，或是對你個人價值的否定。

因此不要怕別人的批評，對於批評要理智分析、勇敢面對。別人對你提出批評時：第一種可能就是你真的做錯事，透過批評你可以記住這個錯誤，對你是有益的；第二種可能就是對你寄予厚望，否則他就會對你的錯誤視若無睹；第三種就是帶有人身攻擊性，這也不用害怕，因為你的行為與你的個人品質並不是由他一人決定的，惡意的批評最終導致的只是批評者自身失去他人的尊重，對你並無太大的妨礙。因此，批評本身是沒有什麼可怕的。

波蘭天文學家—哥白尼（一四七三～一五四三）的日心說創立時，就面臨著來自社會各界的批評和壓力，不過這位天文學的奠基人早已做好了接受批評、質疑和壓力的準備。哥白尼經過長期的天文觀測和研究，創立了更為科學的宇宙結構體系—日心說，從此否定了在西方統治達一千多年的地心說。日心說經歷了艱苦的抗爭後，才為人們所接受，這是天文學上一次偉大的革命，不僅引起了人類宇宙觀的重大革新，而且從根本上動搖了歐洲中世紀宗教神學的理論支柱。「從此自然科學便開始從神學中解放出來」，「科學的發展從此便大步前進」（恩格斯《自然辯證法》）。哥白尼著有闡述日心說的《天體運行論》（一五四三年出版），由於受到時代的局限，在日心說中保留了所謂「完美的」圓形軌道等論點。其後開普勒建立行星運動三定律，牛頓發現萬有引力定律，以及行星光行差、視差相繼發現，使日心說的科學基礎更加穩固。

哥白尼的新觀點並不是一帆風順的就提出來的，而是經過千呼萬喚才出來的。由於托勒玫的地心說，在當時已經成為維持教會統治的神學理論基礎，哥白尼深知發表日心說的後果，不僅會受到社會各界的批評，甚至會遭到迫害。因此，直到一五三九年春天，在德國青年學者雷迪卡斯（一五一四～一五七六年）和其他一些朋友的敦促下，哥白尼才同意發表。一五四一年秋天，雷迪卡斯把修改稿帶到紐倫堡，請路德派的一位神學家奧幸德匿名撰寫一篇前言，宣稱：「這部書不可能是一種科學的事實，而是一種富於戲劇性的幻想。」在這樣的情況下，才於一五四三年三月出版，從寫成初稿到出版，前後擱置了近三十六年。

從此，日心說改變了人類對宇宙的認識，並且動搖了歐洲中世紀宗教神學的理論基礎，對促進人類進步做出了貢獻。

哥白尼，這個人類近代天文學的奠基人在提出新觀點時，尚且知道會遭遇質疑，更何況是我們一般人呢？

因此，無論我們在工作中還是研究中，當自己提出一個全新的方法和理念時，一定要做好隨時接受批評的準備，在集思廣益的前提下，不斷完善自己的觀點，使其漸漸成熟起來。

每個人都要清楚一個事實，那就是：成功者，不論其智力如何，都會比不成功者受到更多的批評。因此不要害怕批評，批評對於磨練人的個性來說是很有效的。那些為人稱道的成功人士，往往都曾經歷過許多這樣的訓練才實現自己的目標。

不要隨意批評別人的行為，除非你知道他為何那麼做。

不要隨易批評別人的行為，特別是在自己不瞭解情況的時候。在現實的生活中，常常出現的一種情況是：有些人劈頭蓋臉地批評別人的行為，待靜下心來對事情分析之後，便後悔了，因為即使是自己在那種情況下，也會做出同樣的選擇。

一位演藝精湛、道德高尚的表演大師，在一次演出上場前，這位大師的徒弟告訴他鞋帶鬆了，大師點頭致謝，蹲下來仔細繫好，等到徒弟轉身後，又蹲下來將鞋帶鬆開。有個旁觀者看到了這一切，不解地問：「大師，您為什麼又將鞋帶鬆開了呢？」大師回答說：「因為我飾演的是一位勞累的旅者，因為長途跋涉的關係所以讓鞋帶鬆開，可以透過這個細節顯示他的勞累憔悴。」「那您為什麼不直接告訴您的徒弟呢？趁機對其進行教育。」「他能細心的發現我的鞋帶鬆了，並且熱心的告訴我，我不能此時批評他，我一定要保護他這種熱情的積極性，及時的給他鼓勵，至於為什麼要將鞋帶鬆開？這是我要教授的，但教授的時間不是今天，將來會有更多的機會教他表演，可以下一次再說。這個徒弟的心理很好理解，而且很讓人感動。他是出自本性的善良來提醒我的，他認為如果不告訴我，我可能會在演出的過程中摔倒……如果換做你是那個徒弟，在不知道這個技巧的時候，你會怎麼做呢？」這位旁觀者略有所思的走開了。

這位大師的做法告訴我們：要盡量去瞭解別人，而不要用批評、責罵的方式；盡量設身處地的去想他們為什麼要這麼做。這比起批評和責怪要有益的多，而且讓人產生尊敬的心。

有關心理學家早就以實驗證明：在訓練動物時，一個有良好行為就得到獎勵的動物，要比一個因行為不良就受到處罰的動物學的更快。進一步的研究發現，人類也有同樣的情形。我們用批評責怪的方式並不能夠使別人產生真正的改變，反而常常會引起對方的反感和憤恨。所以，對別人挑剔、批評、責怪或抱怨都是愚蠢的行為。

某公司召開了一次新聞發布會，為的是擴大公司的影響，提升公司的形象。發布會上，一位記者也和別人一樣接受了請客送禮的一番招待，公司方面自然是希望這位記者能夠給予報導。可是，事後過了許多日子，仍沒看見這位記者有做什麼報導。負責這項工作聯絡的人，有一天與這位記者不期而遇。他似乎有理由這樣批評對方：「怎麼沒看見你發稿？你還有什麼可解釋的？該吃的吃了，該拿的拿了，但你卻沒有報導？」如此批評對方並不是開玩笑，而是真正的不滿意，那麼雙方的關係就只能「一刀兩斷」。這樣搞公關怎麼能成功呢？其實記者沒有發稿是有迫不得已的原因。如果他能夠面對記者的解釋和抱歉，不是責怪而是給予理解和肯定，並說：「沒關係，辦成一件事不容易，我們仍然要感謝你的努力。直到現在你還想著這件事，這就是對我們公司的關心和支持！歡迎你以後常來坐坐，好嗎？」採取這樣積極熱忱的態度，什麼樣的公共關係不能發展呢？

現實生活和工作中，因不瞭解情況的批評而引起的憤懣，常常使下屬、同事、家人、朋友的情緒低落，這對改正錯誤一點用處也沒有。從現在開始，請記住這對你有益的處世原則之一：不要批評、責怪或抱怨他人，要多給予瞭解、寬恕和關愛。

不能忍受批評，就無法嘗試新的事物。

佛蘭克林曾經說過：「批評者是我們的益友，因為他點出我們的缺點。」一個不能忍受批評的人，往往就會停止前進的步伐，難以做出什麼特別的貢獻。

有一個賣畫與批評的故事，這兩個詞似乎不太沾上邊，但是在這個故事裏，關係卻很大。三個學習繪畫的人在學藝途中，將自己的得意之作以一千元標價出售，他們的第一位顧客對三個人的畫都說了一句相同的話：「你的畫值不了那麼多吧？」其中一個人聽了後，對自己的畫仔細掂量，最終以二千元售出，而他經過往後的刻苦努力，最後成為著名的畫家。另一個聽完後只是將畫撕毀，而從此改行，學習雕塑而成為一代宗師。第三個呢？認為自己的畫或許真的不值那個價，便降低了要求，以五百元售出。至今，他也只是一個三流的畫家，以賣畫餬口，過著流浪的生活。這些人的起點相同，只是對待批評的反應不同，最後的成就也就不一樣了。

這就是批評的力量。批評有時是動力，激發人向上的慾望；有時是轉折，指引走向另一個成功的巔峰；有時是毒藥，一不小心會毀了人的一生。其實最關鍵的是，每個人面對批評的心態。

每個人的心裏都一樣，往往都是喜歡被人誇獎，而不喜歡被別人批評。

有時別人的批評不是對我們個人本身的不滿，而是對我們做事或是對人態度的不滿，他們的批評是對我們做事的建議，並不是無中生有的挑剔。善意的批評可以讓我們知道自己存在著哪些不足和缺點，以便能逐步彌補和改掉它們，去完善自己。

歷史上曾經有人批評林肯是「一個笨蛋」，這個人就是愛德華・史丹唐。有一次，為了取悅一個很自私的政客，林肯簽發了一項命令，調動了某些軍隊。史丹唐不僅拒絕執行林肯的命令，而且大罵林肯簽發這種命令是笨蛋的行為。結果怎麼樣呢？當林肯聽到史丹唐說的話之後，他很平靜地回答說：「如果史丹唐說我是個笨蛋，那我一定就是個笨蛋，因為他幾乎從來沒有出過錯，我得親自過去看一看。」林肯果然去見史丹唐，他知道自己簽發了錯誤的命令，於是收回了成命。林肯認為：只要是誠意的批評自己都會接受。

假如有人罵你是「一個笨蛋」，你會怎麼做呢？大多數人也許都會反唇相譏對方也是「一個笨蛋」，這樣的做法只是界定了這世上又多了另一個笨蛋，同時將自己切實劃入了笨蛋的行列。要使自己擺脫別人口中的「一個笨蛋」的定義，一定要能夠忍受批評，然後來證明自己。但即使懂得這樣的道理，可是每當有人開始批評自己的時候，只要自己稍不注意，就會馬上很本能地開始為自己辯護。

因為每個人都不喜歡接受批評，而希望聽到別人的讚美，也不管這些批評或這些讚美是不是公正。因此，接受批評，這是一種最難培養的習慣。在內心深處，誰都明白，批評是提高業績，瞭解實情並避免災難性決定的關鍵所在，但這是件痛苦的事。**提出批評需要勇氣，而接受批評則需要更大的勇氣。**能在事後感謝批評者的人，就是非常偉大的了。

西方諺語說：「恭維是蓋著鮮花的深淵，批評是防止你跌倒的枴杖。」聽慣了諛辭的人，常常狂妄自大，只有虛心接受批評的人，才能改正缺點，提升自己。所以，我們必須養成虛心接受批評、忍耐批評的習慣。

作為一個追求卓越的人來說，接受批評是不可或缺、忍耐批評更要修練，唯有這樣才能不斷去嘗試自己原本未涉及的事物，提高成功的勝算。

如果你經常批評別人，何不試著讚美別人？

人際關係專家卡內基曾經說過：「對於被人認可，覺得自己很重要，是人之異於禽獸的主要特性。如果祖先沒有這種重要性的需求，人類的文明大約會在原地踏步。」

心理學家兼哲學家威廉・詹姆斯也說過：「人類性情中最強烈的就是渴望被人認同。」

讚美總是給人帶來意想不到的力量。一句讚美，可以讓一個放牛班的學生成為化學家；一句讚美，讓原本羞澀的學生，成為廣受年輕人喜愛的心理學者；讚美的力量，鼓勵的火花，曾經讓許多人的生命，有了奇蹟似的改變。

因為，每個人天生都渴望得到他人的讚賞，天性渴望被認同。一味批評是無法期待好效果的，如果你對別人表示信心，他們很快也相信自己能做到，就會有辦法完成你所設下的目標，這就是讚美的力量，而一味地批評往往收不到這樣的效果。

福特汽車公司前任總裁皮特森，有一個特別的習慣，那就是每天寫便條紙來讚美員工。他說：「你每天最重要的十分鐘，就是你花在鼓勵員工上的時間。」皮特森認為，管理人「把事情做對」，管理者更要「做對的事」，如果只從企業經營的角度去衡量員工的努力，進展有限，但如果同時用「腦」與用「心」去領導，肯定和讚美自己的員工，往往就會得到意想不到的結果。

美國心理學家兼哲學家威廉・詹姆斯曾經說：「大部分的人，一生只發揮了一半不到的才能，其他潛能在不知不覺中退化了，但是鼓勵與讚美可以把人的能力發揮出來；批評則會使人的能力枯萎。」

一個經常受到讚美的清潔工也可以爆發出驚人的力量。美國某大型公司的一個清潔工，本來是一個最被人忽視，最被人看不起的角色，但就是這樣一個人，卻在一天晚上公司保險箱被竊時，與小偷進行了殊死搏鬥。事後，有人為他請功並問他的動機時，答案卻出人意料。他說：「每當公司經理從自己的身邊經過時，都會駐足停留，並認真誇獎自己的地打掃的特別乾淨，並表示感謝。」

上司一句小小的讚美，就能使下屬對自己充滿信心，真是「士為知己者死」呀。美國著名女企業家瑪麗・凱曾說過：「世界上有兩件東西比金錢更為人們所需，那就是認同與讚美。」金錢在調動下屬積極性方面不是萬能的，而讚美卻恰好可以彌補它的不足。因為生活中的每一個人，都有很強的自尊心和榮譽感，你對他們真誠的表揚與贊同，就是對他價值的最好承認和重視。而能真誠讚美下屬的長官，能使員工們的心靈需求得到滿足，並能激發他們潛在的才能。

維克多是一個快樂的使者，認識他的人都這樣認為。事實上，他是一個信差，他始終堅信自己的使命就是向人們傳遞快樂，因此，他的口袋裏總是裝著許多小紙條，上面寫著一些讚美的話。他將信件和電報送到人們手中的同時，也留給他們一張小紙條，告訴他們「今天你真美（真酷）」，「你是一個善良的人」等等。

維克多的快樂生活以二戰為屆，又開始了新的一頁。因為年齡太大維克多沒有入伍，但他自告奮勇到野戰醫院做了一名志願者，協助醫院處理傷患。有一天，他突發奇想，在醫院的牆上寫了一句話：「你們都是天使，曾經幫助過那麼多人，你們善良、美麗，世界需要你們去創造，因此沒有人會死在這裡。」他的行為引起了大家的注意，醫院的人說他瘋了，也有人認為這句話無傷大雅，不必擦掉。那句話一直沒有人去管，就一直留在那面牆上。後來，不但傷患，就連醫生、護士包括院長，都漸漸地記住了這句話。傷病的人為了不讓這句話落空而堅強地活著，醫生和護士為了這句話，盡力地給予病人醫治和照顧。這個醫院因這句平凡的讚美而凝聚了一種活下去的力量。

這個故事告訴我們，有時候創造奇蹟的不是偉人，也許只是一句讚美的話。而一句讚美的話，就是給對方一個免費卻珍貴的禮物，它在每個人的生命裏，微不足道卻又不可或缺。

總之，在職場中要想成為下屬心目中理想的領導者，要想成為別人心中可信賴的同事，就必須經常讚美別人，給別人力量和愉悅；方法很簡單，只要少用食指，多用拇指就好了！

開始批評之前，最好先略加讚美。

開始批評前，先給予讚美，往往會得到更好的結果。

古時候，有兩個孩子的父親熱衷賭博，不思進取，導致家徒四壁還是不思悔改。長子終於忍受不了父親的墮落，一天，當父親又在賭博時，當著父親的面掀翻了賭桌，將賭具全部毀掉。然而，這並沒有阻止父親繼續賭博，父親依然如故。次子看到這種情形，終於在某一天走到父親面前，低聲說道：「我在學校裏，老師教導我們，在學校我們要尊師重道，回到家裏要聽父母的話。尊師訓我可以功成名就，父親訓我可以真正成人。可是，聽父親的話我又能獲得什麼呢？」次子的話還未說完，父親已經淚流滿面。父親痛心疾首地說：「孩子，你的話言輕意重，爸爸知道錯了。」父親從此戒賭，走上正途。

長子和次子勸父親戒賭的不同效果，也讓我們看到了採取不同批評方式所獲得不同收穫的道理。在批評別人時，如果我們一開始就發牢騷，勢必會讓對方產生抵觸情緒，對你的批評也難以聽進去。即使表面上接受，也未必說明你已經達到了批評的目的。而如果開始時先向對方略加讚美，勢必會創造一個和諧的氣氛，讓他放鬆下來，然後再開始你的批評言辭，這樣往往能達到比較好的效果。

眾所周知，讚美能讓人謙虛，又能建立友善的氣氛。在批評別人前，如果先提到別人的優點，對其讚美一番，就能達到潤滑的作用，可使人感到輕鬆愉快，消除刺激和敵意，使後面批評更易於被接受。

每個人都需要真誠的讚美，也需要善意的批評。讚美是鼓勵，批評是督促；讚美如陽光，批評如雨露，二者缺一不可。間接提出別人的錯失，要比直接說出口來的溫和，且不會引起別人的強烈反感。

詹尼的兒子即將上幼稚園了，在教育孩子的時候母親從不以批評為主，而是以讚美引導為主。有一次，兒子做錯事卻不認錯，她耐心地坐下來講個小故事給兒子聽。故事裏有個孩子做了類似的錯事，講完後，媽媽就問兒子：「故事裏那個孩子錯在哪裡？」兒子按照媽媽的引導去批評故事裏的孩子。詹尼媽媽認真地說：「兒子，你真是太聰明了，一下子就看出來了，相信你一定不會犯這樣的錯誤。」沒過多久，兒子從剛才的讚美中抬起頭說：「對不起，媽媽！我做了錯事……。」

由此可知，讚美式批評的效果往往比直接批評的效果更好，因為它可以使當事者認真思考後領悟錯誤。這也是所有批評所要達到的最高目標。

每個人的自尊心都很強，大多數人都難以接受直截了當的批評，特別是當著眾人的面前。但是，人們卻往往比較容易接受讚美式批評，即讚美在前、批評在後。

根據這一特點，當你在批評別人時，可以先提及此人以往身上明顯的優勢，以及這一優勢給公司、給別人帶來的利益及示範性作用，然後再溫和地提出他這次犯的錯誤，這時對方往往能夠心悅誠服地接受。如果你是一個經常批評別人的上司，那就更應該深諳此道，一定會受益匪淺的。

第七章　哈佛大學告訴你：

熱忱會化解生活和工作的難題

我們怎樣對待生活，生活將怎樣對待我們。

心理學家史蒂芬・柯維曾告誡我們：「人們對待生活的心態是世界上最神奇的力量，帶著熱忱、激情和希望的積極心態投入到生活和工作中去，能將一個人提升到更高的境界；反之，帶著失望、怨恨和悲觀的消極心態，則能毀滅一個人。」智者對生活和工作充滿了熱忱，他們從不抱怨別人和生活、工作的環境，一旦選擇了自己的事業，就會滿懷激情地投入進去，用熱情溶化前進途中的困厄、障礙，他們是真正擁有世界、擁有快樂的人；愚者對生活和工作缺乏激情，他們沒有自己真正喜歡的事業，往往是這山望著那山高，生活中稍有挫折，便心灰意冷，工作中稍有不如意，便怨天尤人，等到多年後驀然回首，卻發現自己原來一事無成。

當熱忱變成習慣，恐懼和憂慮即無處容身。

縱觀職場和商場的成功人士，他們往往都是對事業、對生活充滿熱忱態度的人，積極思考的人，樂觀向上的人。他們以這樣的精神對待自己的人生，自然會取得輝煌的成果。而失敗者則不同，他們的人生受到各種失敗、恐懼和疑慮所引導和支配。

每個人的態度都決定著自己人生的成功，因為：**我們怎樣對待生活，生活就怎樣對待我們；我們怎樣對待別人，別人將怎樣對待我們；我們在一項任務剛開始時的態度就決定了最後有多大的成功。**

而熱忱是一種難能可貴的，可以支配我們命運不同凡響的品質。正如拿破崙・希爾所說：「要想獲得這個世界上的最大獎賞，你必須擁有過去最偉大開拓者所擁有的夢想，轉化為全部有價值的熱忱，以此來發展和銷售自己的才能。」

讓我們看看法蘭克・派特，這個著名人壽保險推銷員是如何憑藉著熱忱，締造了自己的傳奇的。「當時我剛轉入職業棒球界不久，遭到有生以來最大的打擊，因為我被開除了。球隊經理對我說：你這樣慢吞吞的，哪像是在球場混了二十年。離開這裡之後，無論你到哪裡做任何事，若不提起精神來，你將永遠不會有出路。」原本，法蘭克的月薪是一百七十五美元，離開之後，他參加了亞特蘭斯克球隊，月薪減為二十五美元，薪水這麼少，他做事當然沒有熱忱，但他決心努力試一試。待了大約十天之後，一位名叫丁尼・密亭的老隊員把法蘭克介紹到新凡去。在新環境的第一天，法蘭克就對自己說要做球隊最熱忱的球員。

在這個理念的指引下，法蘭克像一隻雄獅上了場。一上場，他就好像全身帶電一樣。他強力地擊出高球，使接球的人雙手都麻木了。有一次，他以強烈的氣勢衝向三壘，那位三壘手嚇呆了，球漏接了，他便盜壘成功了。當時氣溫高達華氏一百度，法蘭克在球場上奔來跑去，極有可能中暑而倒下去。正是憑著這種熱忱，連法蘭克自己對自己的成果都感到吃驚，他的球技出乎意料地好。同時，由於法蘭克的熱忱，其他隊員也受到了感染。第二天早晨他讀報紙的時候興奮得無以復加。報紙上說：「那位新加入進來的球員，無異是一個霹靂球手，全隊的人受到他的影響，都充滿了活力，他們不但贏了，而且是本賽季最精彩的一場比賽。」由於對工作和事業的熱忱，法蘭克的月薪由二十五美元提高到一百八十五美元，漲了七倍之多。在往後的二年裏，他一直擔任三壘手，薪水加到當初的三十倍之多。這是為什麼呢？用法蘭克自己的話說，就是熱忱沒有其他。

後來由於受傷，法蘭克不得不告別自己心愛的棒球。之後，他來到了菲特列人壽保險公司當保險員，他像當年打棒球一樣，對工作充滿熱忱，很快他就成了人壽保險界的大紅人。他說：「我從事推銷三十年了，見到過許多人，由於對工作抱持熱忱的態度，他們的收效成倍的增加，我也見過另一些人，由於缺乏熱忱而走投無路。我堅信，熱忱是每個人、每個事業成功的最重要因素。」可見，保持熱忱的工作態度，對一個人在事業上取得成績是多麼的重要！同時它也是在人們失意時，重新崛起的重要精神支撐。

然而現實生活中，對自己的工作和所從事的事業充滿熱忱的人少之又少。看看我們的生活到底是怎樣了！早上醒來一想到要去上班就心中不快，磨磨蹭蹭地到公司以後，無精打采地開始一天的工作，好不容易熬到下班，內心便高興起來，和朋友吃飯喝酒時，總不忘痛陳自己的工作有多乏味、有多無聊，如此周而復始。有人估計美國有八二％的人視工作為苦役，而且迫不及待地想要擺脫工作的桎梏。在工作環境相對開放的美國尚且如此，別的國家的情況可見一般。

工作是個人價值的展現，應該是一種幸福的差事，可是為什麼人們卻把它當作是苦役呢？絕大多數的人都會回答是工作本身太枯燥了。然而實際上問題往往不是出在工作上，而是出在我們自己身上。如果你本身不能熱忱地對待自己的工作，那麼即使讓你做你喜歡的工作，一個月後你依然會覺得它乏味至極。我們大多數人已經有過這樣的經歷。IBM前行銷總裁巴克・羅傑斯曾說過：「我們不能把工作看作為了五斗米折腰的事情，我們必須從工作中獲得更多的意義才行。」我們需要從工作當中找到樂趣、尊嚴、成就感以及和諧的人際關係，這是我們每個人所必須承擔的責任。

熱忱就是每個職場人士的生命，它支撐著你能夠在職場中立足和成長。熱忱，給予我們巨大能量，增強自身能力，使自己的個性越加堅強起來；熱忱，給予我們樂觀態度，增強自身活力，使自己有更加充沛的精力，狂熱地去追求自己的事業；熱忱，給予我們巨大的吸引力，增強自己的魅力，使自己擁有良好的人際關係；熱忱，給予我們被提拔和重用的機會，使自己能夠不斷地成長與發展。

缺乏熱忱的人，也是沒有明確的目標。

熱忱的態度需要激發，而最能夠激發熱忱態度的人就是有明確的、遠大的目標。

布魯斯是美國一家麥當勞的員工，每天的工作就是不停的做很多相同的漢堡，但是他仍然非常的快樂，從來都是用滿懷善意的微笑來面對他的顧客，幾年來一直如此。他這種真摯的快樂，感染了很多人。有人不禁問他，為什麼對這樣一種毫無變化的工作感到快樂？究竟是什麼讓他充滿熱忱？布魯斯回答說：「我每天都有自己工作的目標，那就是每做出一個漢堡，就要使某些人因為它的美味而感到快樂。那我也就感到了我的作品帶來成功，這是多麼美好的事情。我每天都為我的目標忙碌著，它使我覺得自己的工作和生活充滿生機和活力，自然就會滿懷熱忱。」

這就是布魯斯的快樂傳遞法則，他快樂的心情使這家店的生意越來越好，名氣也越來越大，最後終於傳到了麥當勞公司總管的耳朵裏。布魯斯得到了長官的賞識成為公司一名管理中層。他的熱忱為自己贏得了實現更大目標的機會。

由此可見，即便是才華洋溢，但對工作沒有目標，只是停留在表面上的雇用關係，做一天和尚撞一天鐘，就不會有工作的熱忱；越是沒有工作熱忱就越無法確定自己工作的目標，如此往復，二者互為缺失，很多人就是如此因而成為了那個「機械的麵包師」，更不要說是升遷、事業等等了。

一個對自己工作充滿熱忱的人，無論在什麼公司工作，他都會認為自己所從事的工作是世界上最神聖、最崇高的一項職業；無論工作的困難是多麼大，或是品質要求多麼高，他都會一絲不苟、不急不躁地去完成，實現自己想要實現的目標。

著名的跨國企業ＩＢＭ公司對人力資源曾有過這樣的認知：從人力資源的角度講，公司希望招聘到的員工都是一些對工作充滿熱忱的人，這種人儘管對行業涉獵不深，但是，他們一旦投入工作之中，所有工作中的難題也就不能稱之為難題了，因為這種熱忱激發了他們身上的每一個鑽研細胞。另外，他周圍的同事也會受到他的感染，從而產生出對待工作的熱忱。是呀，充滿熱忱的員工才會不斷為自己確定一個又一個工作目標，而工作的熱忱又會促使一個又一個目標儘快變成現實，這樣的員工才會不斷成長和發展。

對於一名員工來說，熱忱就如同生命。憑藉著熱忱，他們可以釋放出潛在的巨大能量，發展出一種堅強的個性；憑藉著熱忱，他們可以把枯燥乏味的工作變得生動有趣，使自己充滿活力，培養自己對事業的狂熱追求；憑藉著熱忱，他們可以感染周圍的同事，讓他們理解你、支持你，擁有良好的人際關係；憑藉著熱忱，他們更可以獲得老闆的提拔和重用，贏得珍貴的成長和發展的機會。

熱忱具有神奇的力量：有熱忱就意味著受到了鼓舞，鼓舞為熱忱提供了能量。賦予你所做的工作重要性，熱忱也就隨之產生了。即使你的工作不那麼充滿魅力，但只要從中尋找意義和目標，也就有了熱忱。

當一個人對自己的工作充滿熱忱時，他便會全身心地投入到自己的工作之中。這時候，他的自發性、創造性、專注精神等，便會在工作的過程中表現出來，目標也就更容易實現。

雅絲・蘭黛已經成為當今世界各國女性趨之若鶩的化妝品品牌。雅絲・蘭黛——這位當代「化妝品皇后」白手起家，憑著自己的聰穎、對工作和事業的高度熱忱，成為世界著名的市場推銷專才。由她一手創辦的雅絲・蘭黛化妝品公司，首創了賣化妝品贈禮品的推銷方式，使得公司脫穎而出，走在同行的前列。她之所以能創造出如此輝煌的事業，不是靠世襲，而是靠自己對待工作和事業的熱忱得來的。在八十歲前，她每天都能鬥志昂揚、精神抖擻地工作十多個小時，她對待工作的態度和旺盛的精力實在令人佩服。今天她名義上已經退休了，而實際上，她照例會每天精神抖擻地周旋於名門貴婦之間，替自己公司做無形的宣傳。無數的人們羨慕她成功的事業，但我們更要羨慕為她實現成功目標的熱忱。

熱忱是積極的能量、感情和動機。你的心中所想，決定著你的工作結果。當一個人確實產生了熱忱時，你可以發現他目光有神，反應敏捷，渾身都有感染力。這種神奇的力量使他以截然不同的態度對待別人，對待工作，對待整個社會。

一個缺乏熱忱的人不可能始終如一、高品質地完成自己的工作，更不可能明確超出現狀的遠大目標。如果沒有熱忱，就不可能在職場中不斷成長，就不會實現擁有成功的事業與充實的人生目標。因此，趕快對你的工作傾注滿腔的熱忱！

熱忱使想像的輪子轉動。

熱忱是一種力量，它可以催生想像，使社會的車輪不停地向前轉動，就像牛頓對蘋果落地這件事情充滿了熱忱，於是他心想為什麼這顆蘋果會掉落大地而不是飄向天空？一顆對普通現象充滿熱忱的心，催生了一系列想像，最後「萬有引力」於是誕生了，人類社會又向前邁進了一大步。

拿破崙・希爾小的時候，母親十分注重培養他擁有一顆熱忱的心，因為她覺得只要擁有一顆熱忱的心就會創造出奇蹟。有一次在一個濃霧彌漫的夜晚，拿破崙・希爾和他母親從新澤西乘船到紐約的時候，母親高興的說：「這是多麼令人驚心動魄的景象啊！」「有什麼奇怪的？」拿破崙・希爾問道。母親依舊充滿熱忱的說：「你看那濃霧，那四周若隱若現的光，還有消失在霧中的船帶走了令人迷惑的燈光，多麼令人不可思議。」或許是被母親的熱忱所感染，拿破崙・希爾也感受到厚厚的白霧中那種隱藏著的神秘。拿破崙・希爾那顆遲鈍的心得到了一些新鮮血液的滋潤，不再毫無知覺了。母親注視著拿破崙・希爾說：「我從沒有放棄過給你忠告。無論以前的忠告你接受不接受，但這一刻的忠告你一定要聽，而且要永遠的記住。那就是：世界從來就有美麗和興奮存在，它本身就是如此動人、令人神往。所以，你自己必須對它敏感，永遠不要讓自己感覺遲鈍、嗅覺不靈，永遠不要讓自己失去那份應有的熱忱。」因為失去熱忱的人將無法拓展想像，也就無法取得大的成就。

拿破崙・希爾一直沒有忘記母親的話，而且也試著去做，就是一直讓自己保持那顆熱忱的心。人的一生，做的最多最好的人，也就是那些成功人士，他們必定都具有這種能力和特點。即使兩人具有完全相同的能力，也一定是更具有熱忱的那個人會取得更大的成就。

熱忱可以激發想像力，因此它是一種自發力量的源泉。

有一支觀眾不多、力量很弱、表現很差的棒球隊在波士頓。但是，後來他們到了密爾瓦基，這裡的市民對這支新球隊的熱忱十分高漲，棒球場擠滿了人，非常關心這支球隊並相信這支球隊一定能夠取勝。市民的熱忱、樂觀與信賴，讓這支棒球隊受到了極大的鼓舞，第二年他們就幾乎躍居聯賽的第一名。雖然是原班人馬，但在這個球隊內部卻產生了一股前所未有的力量，他們因此而發揮出從未有的水準。

觀眾的熱忱，使隊員們覺得自己就是世界上最好的運動員，自己的球隊就是世界上最頂級的球隊，這種感覺使他們每個人都熱血沸騰，故而創造了奇蹟。

當今社會很多孩子都缺乏創造性，家長們不妨在自己的教育方式上尋找原因，是否像拿破崙・希爾的母親那樣不斷培養孩子那顆對自然、對社會充滿熱忱的心呢？這顆心一旦缺失，孩子們的想像力將無從談起，其他的創造能力也就更加可望而不可及了。

如果現在的你仍然沒有發現和感受到熱忱所放射的能力，那麼就明天早晨起床的那一刻開始對自己說：「我要滿心熱忱的工作和生活。」

一個人缺乏熱忱就像車子沒有油一樣。

熱忱是人生活和工作的動力，人不能失去心臟，因為那是為生命提供動力的地方。因此，人也不能失去熱忱，因為那是為精神提供動力的元素，一旦失去熱忱，人們就會像洩了氣的氣球、沒了汽油的車子，寸步難行。因此，不管何時何地，你都要保持高度熱忱，最好現在就開始。

如果能很快將熱忱轉化為生活的態度，你會發現自己的生活觀念比以前更為積極，活得也更加快樂。每個人都要以熱忱來面對生活中所有的事，它能夠讓別人看得到你發自內心的美。從此刻起，開始和朋友分享你的熱忱。

阿里曾經在佛羅里達進行了一次重要的演說。因為當時冷氣有點故障，每個人都把外套脫了下來，只有阿里例外，阿里只是覺得很不舒服。阿里心想要儘快結束演講到海水裏尋找清涼。

演講結束後，阿里迫不及待的來到海邊盡情享受。阿里潛到水裏，當阿里再次浮出水面的時候，發現身旁正好有一位游泳者。他們彼此打了招呼，不過，那人顯然沒有認出阿里，他問：「你今天早上有沒有參加大會？」「有呀，參加了啊。」阿里回答說。「那麼你聽了那個叫阿里的人演講了？」「是的，聽到了。」阿里有些狐疑了。「嗯」，他繼續說，「你認為他的演講如何？」阿里也不知道該如何評價自己的演講，於是阿里反問說：「你認為如何？」

阿里不知道他會說些什麼讚美的話，當他開始說的時候，阿里一頭潛入水中，當阿里再度浮出來時，他已經結束了他的評論。阿里對他說：「瞧，我的朋友，我最好坦白地告訴你，我就是阿里。」他當時大吃一驚，但阿里不知道他的評論究竟是什麼。他們相視一笑便開始盡情享受海水，過了一會兒兩人已經回到沙灘上休息。

休息之間，那個人開始和阿里聊起來。他說，我有時候對一項新的計畫充滿熱忱，但經過一段時間，那份熱忱又開始冷卻，我似乎無法維持那份熱忱。真的，如果我不是經常這樣，我相信我在公司裏一定可以獲得晉升。一個懂得技巧而又有經驗的人，卻經常提不起勁來，你想他是否有什麼問題呢？這是一個普遍的問題。如果你有時間，能否麻煩你為我提供一些實用的建議，使我能夠產生熱忱，並且永遠維持下去？

這位朋友提出的問題具有普遍性，很多人在職場上也經常遭遇這樣的困境，因為熱忱不夠，能力很強卻也難以被提拔和升遷，那麼如何才能獲得熱忱呢？看看以下這幾方面能不能幫助阿里的這位新認識的朋友，以及跟這位仁兄有著同樣困擾的人。

1、經常採用新的想法。

我們需要以嶄新、充沛、活潑的方式去思考。到了適當的時候，我們的腦子裏就能夠接受熱忱並且不會衰滅這個概念，而這種對積極原則的應用，將導致熱忱永不消逝。

2、從內心裏將自己定位為一個嶄新不同的自己。

這個人從不改變，永遠保持同一形態；永遠活潑、有活力而且奮發向上。我們不斷把自己想像成這樣的一個人，結果就會變成這樣一個人。

3、以積極的語言，賦予自己熱忱的心。

為了提高熱忱，可以每天抽出一點時間，大聲說出這樣的字眼：「刺激」、「有力量」、「好極了」、「妙極了」、「棒極了」等。我承認，這個想法可能有點好笑，然而事實上，我們的潛意識最後會接受這些一再重複的建議。

4、每天睜開眼睛都告訴自己「今天將是最美好一天」。

這句話使許多人從消極的心態轉變為不斷維持熱忱力量的心態，將使每個人感覺喜悅，並很高興地過完這一天，有效地使自己的熱忱維持在很高的程度。

簡短的四條，不是很難落實，要真正地把這些維持永久熱忱的方式付諸行動，相信結果會令你十分滿意。一定要相信：熱忱是一種被激起的狂熱，是可以培養出來和維持下去的，相信誰也不想做一個沒有汽油而被閒置的車子，更不想做一個沒有心臟的人。

熱忱使平凡的話題變得生動。

熱忱是一種力量，它會使一個個平凡的事情或話題變得生動有趣。因為有了熱忱才能有積極性，才會激發自己的興趣，使自己將某項事情堅持下來。

同樣一份職業，同一個人來做，有熱忱和沒有熱忱，效果是截然不同的；同一個話題，有熱忱與沒有熱忱，結果也是截然不同的。有熱忱使你變的有活力，工作、生活的有聲有色，創造出許多輝煌的成績；沒有熱忱，使你變的懶散，對生活和工作都冷漠處之，潛在能力也無法發揮。

現實生活中很多人都發現了這種永不枯竭的熱忱，並且保持著這份熱忱，還有一些人學會了一種保持熱忱的技巧，而且能夠自我重新補充。他們真正懂得怎樣去保持熱忱的原則，使一切都變得生動起來。

有一位對生活充滿熱忱的老婦人，她的一條腿已經被鋸掉，但她興奮地描述說，她獨自一人生活，她每天都是坐在輪椅上做家務，包括使用吸塵器、準備三餐、鋪床疊被。一位相識不久的朋友問她：「妳的生活一定遇到很多的困難。」她說：「只要妳知道竅門，就不會有困難，而且我真的知道其中的訣竅，我並不覺得困難。雖然我身旁沒有其他人，也得不到任何幫助。就算找到合適的人，我也付不起費用。但是請妳不用擔憂，我並不會抱怨，我也習慣這種生活了。」她繼續說：「我的腿已經被鋸掉大約五年了，我已經習慣了這種生活，我還可以從輪椅上下來，走出令人鬱悶的屋子。」「我還經常鼓勵我二十七歲的孫子，要求他每隔兩天來看我一次，每次都要從這個老太婆的身上得到一份新的熱忱。那份熱忱也經常鼓舞著孫子，使他也充滿了活力。」這位年老、熱忱的婦人偶爾也會沮喪，但會努力的去克服，保證自己始終能夠保持對生活的熱忱。

朋友說：「妳的精神感染了我，妳為什麼會有如此的熱忱，又是如何保持熱忱的呢？畢竟妳已經九十歲，而且只有一條腿，每天都需要生活在輪椅上。」

老婦人認真的說：「我深知一切話題和興趣，必須有熱忱的支撐才能變得生動，也許這些生動的東西不能直接給妳帶來財富，但是我們更為需要的是快樂。因此，我經常閱讀

《聖經》，並且相信裏面所說的話，而且我不斷地對自己重複這段話：我深信，我是擁有生命的，我將擁有更豐富的生命。妳知道嗎？《聖經》並不認為這個諾言不適用於坐在輪椅上、少了一條腿又是九十歲的人。它只允諾豐富的生活，因此，我不斷地對自己重複這個諾言，並且過著豐富的生活。我很幸福，因為有很多生動的事情和生動的話題，給予我生動的快樂和生活，而我自己的熱忱也在這種生動中此消彼長的湧現。」

正是因為老婦人的熱忱，使得與她談話的朋友覺得她們的話題變得無比生動，自己的內心也充滿了對生活渴望的力量。

而一位年過古稀的老人，精神狀態卻完全與之相反。他與人談話的聲音甚至有些發抖，並且說：「我不允許任何人來愚弄我。年老真是糟糕，情況一天天惡化，真是悲哀。我現在只想把我這一生早點結束，越快越好。」他繼續說：「我以前也充滿了熱忱，就跟年輕人完全一樣。」「你那些熱忱究竟怎麼了？」一個年輕的朋友問他。「我已經是一個離死亡只有幾步之遙的人了，我對任何話題都沒有興趣，你就更不能要求我還有什麼熱忱了。」

這位老人與前面的那位老婦人相比，最大的差別就是前者對生活充滿熱忱，而後者則不在任何話題及事情上投入熱忱，他的心思全部都放在了等待死亡這一個話題上。一位九十歲、只有一條腿的老婦人能永遠擁有熱忱，而一個六十九歲、兩腿健全的老人卻喪失了熱忱，從這兩件事實就證明了一個道理，一個人不管年紀有多大，都可以保持著熱忱。

熱忱是一種積極力量的代表，這種力量不是凝固不變的，而是不穩定的。不同的人，熱忱程度與表達方式不一樣；同一個人，在不同情況下，熱忱程度與表達方式也不一樣。總之，每個人都要保持熱忱的態度，否則是不可能給自己帶來生動的人生。

為別人服務最多的人最富有。

蓋瑞・布雷爾郵局名言：「創造財富只是副產品，它不該成為唯一的目標。真正的目標應該是提供高品質的服務和產品，以替他人創造利益。」真誠地為別人服務，就像是點亮了屬於自己的那盞生命之燈，既能照亮別人，也能照亮自己。

在現實生活中，如果一個人能夠隨時隨地為別人服務，渴望著照亮別人，那麼他的這種關愛之心，就可以讓他將那些不是機運的東西轉變為機運。

理查自哈佛大學法學院畢業後，開了一家事務所。在理查的悉心主持下，事務所這幾年發展順利，然而最近有一樁事不很順利。有一位顧客看中了近郊的一塊土地，這塊土地對於建造材料廠太合適了，於是顧客委託理查為自己拿下這塊土地，而且是志在必得。可是，前後半年內理查不知見過地主多少次，費盡口舌，但那倔強的老婦人竟絲毫不為所動。雖然，那塊地在老婦人手裏不會得到任何的利用。

一個大雪紛飛的下午，老婦人在街上準備聖誕禮物時，突然決定要去理查事務所看看，總是理查登門拜訪自己，每次都是無情的拒絕，對他也並不瞭解。她本意是想見到理查並告訴他「死了買地這條心」！推開門，老婦人開始猶豫自己沾滿髒汙的鞋子，就在那裡站了一會兒。「歡迎光臨！」這時一位年輕女職員出現在老婦人面前。她一時沒有拖鞋給老婦人穿，便把自己穿的拖鞋脫下來，整齊地擺在老婦人腳前，笑著說：「很抱歉，請穿這個好嗎？」女職員不在乎腳底的濕冷，對躊躇不前的老婦人說：「別客氣，請穿吧！我沒什麼關係。」等老婦人穿好拖鞋，女職員再問說：「老太太，您要找誰呢？」「謝謝，我要見理查先生。」「他在樓上，我帶您去見他。」女職員像女兒扶母親上樓梯那樣扶老婦人上樓。老婦人穿在腳底的拖鞋是溫暖的，而更使她感到溫暖的是，這位素不相識女孩子溫暖的心。突然間，老婦人恍然大悟了：「是啦，人不能只求自己的利益，也該為別人著想呢。」就是這種溫暖力量的感召下，她決定將土地賣給理查。

從這個小事例，我們可以得知，以愛和關懷為主要內容服務的力量是多麼強大！事實上，也確實是如此。為別人服務不僅是人類能夠進步的基礎，也是我們與他人交往的橋樑。

無論你有什麼本領、特長，受教育程度有多高，都不如真心誠意的服務更能給人印象深刻。而且，為別人服務還有一個很實際的作用：在激烈競爭的商界，良好服務是使一家公司能勝過對手的唯一途徑。正如美國西部諾斯特洛姆百貨公司的座右銘：「商店之間唯一差別是待客之道的不同。」

為別人服務有一個很積極的結果，就是容易建立良好的人際關係。人們總是很自然地親近幫助過自己的人，畢竟，大多數人都願意以德報德。如果你隨時留意為別人服務，你的人生會變得更加充實。

一個人的收入跟這個人付出的價值成正比，而價值不是由個人來認定，而是顧客或者說是由被服務者認定的。很多人認為自己做的事情很有價值，可是顧客卻對服務者不接受，那麼很抱歉，它在經濟上就沒有那麼大的價值。你看世界富人們，付出了多少的價值：他們提供了多少的就業機會，多少人靠他們生活；他們提供了多少產品，給多少的顧客。一個人的收入永遠跟服務的人數、服務的品質、服務的價值成正比。

思考一下，為什麼有的藝術家賺錢，有的藝術家卻窮困潦倒？因為顧客決定作品的價錢。你定價五百萬元可是在市場上乏人問津，等於沒有五百萬的價值，有人願意付二億買畢卡索的畫，它就值二億，因為有人願意付這個價錢。價錢不是你認定的，是顧客認定的。

常常有人問，他這麼賣力工作，為什麼收入沒有增加？其實是因為他只服務於他的老闆，他服務的人數不夠多，薪水當然也不多。為什麼好多公司的業務員有二、三萬、四、五萬，甚至數十萬的月收入，因為他們服務的人數不同。

總之，要想展現自己的價值，最好的辦法就是被別人認可；被別人認可的最好辦法就是為別人提供優質的服務。要想增加自己的財富，最快的途徑就是使更多的人接受自己的服務，而使自己的服務物件越來越多的最好辦法就是始終提供優質的服務。因此為別人提供的服務越多，你自己也就更富有。

第八章　哈佛大學告訴你：

信心能夠變「不可能」為「可能」

人生事業之成功，亦必有其源頭，而這個源頭，就是夢想與自信。在人的一生中，自信是最不可確少的品質之一。

信心不能給你需要的東西，但卻能告訴你如何得到，信心源於明確的目標及積極的態度，信心不是天生的，信心的基礎是知識，知識透過實踐可以轉化為經驗，而經驗是才幹的第一要素。

除非你願意，否則沒有人能破壞你對任何事情的信心，它可以使「不可能」變為可能。所有偉大的奇蹟都需要信心的力量。它可以使平庸的男女，能夠成就那些雖然天份高、能力強卻又疑慮與膽小的人所不敢嘗試的事業。

信心越用越多。

當我們玩遊戲的時候，如果我們過了一關，就會很高興，同時也會建立自己再打過第二關的信心。

當我們達成了一個生活中的目標，我們就不會對下一個更大的目標感到恐懼，就會充滿信心向下一個目標邁進，這就是進取心，就是信心越用越多的道理。

艾美為一家公司行銷策略人員，她憑藉自己的信心看準了「白雪洗髮精」這款被公司視為失敗的產品。這是一種價格低廉，而且不含添加劑的洗髮精，且沒有華麗的包裝，但卻能吸引講究價格的消費者。於是她決定再次為「白雪」全力以赴並將它再呈給管理階層，並告訴他們「白雪」的價值所在。最後管理階層接受了她的提議，而「白雪」竟成為該公司銷售最好的洗髮精之一。由於「白雪」銷售成功，艾美成為該公司一家分公司的負責人。於是，她研創了一系列新的護髮產品，而這些產品最後也都成了市場寵兒。如今艾美已成為布瑞爾通訊的執行副總裁，該集團所從事的正是市場行銷服務。由於她不斷地以她的個人進取心為公司引進更多更好的產品，所以她得到今天的職位，可說是實至名歸。她的公司同樣也瞭解她願意提供超過她應該提供的服務，哈佛商學校也頒給她「馬克斯和柯恩卓越零售獎學金」，而《美金和意識》雜誌稱許她為「前一百名商業職業婦女」之一。對自己眼光的絕對信心，使艾美獲得認同、進步和成功的機會。

一個人一旦形成強烈的自信心，只要心存進取，也會像一顆天堂裏的種子，只要經過培育和扶植，他的信心就會茁壯成長，開花結果。

上帝在所有生靈的耳邊低語：「努力向前。」如果你發現自己在拒絕這種來自內心的召喚，這種催你奮進的聲音，那你可要注意了。如果你真的是這樣，那麼，這種聲音就會越來越微弱，直至消失。到了那時，你的信心也就衰竭了。當這個來自內心、促你上進的聲音迴響在你耳邊時，一定要注意聆聽它，它是你最好的朋友，將指引你走向光明和快樂，將指引你到達成功的彼岸。

人的生命是有限的，生命不息，奮鬥不止。生命的價值就在於奮鬥，在於不斷地進取，一旦我們受到這種不可動搖的進取心驅使時，我們的信心就會不斷壯大，就會形成一種不斷自我激勵、始終向著更高目標前進的習慣。我們會激發出前所未有的信心和力量，而我們身上的許多不良習慣也會逐漸消失。

生活中，舒適的誘惑和對困難的恐懼，以及對世俗的妥協征服了許多人。許多人就是這樣，熄滅了自己的進取之心，隱匿於平庸無奇的「柴米油鹽」當中，麻痹自己的心靈，得過且過地敷衍著單調的分分秒秒。

然而成功者卻不是這樣。有人問一個美國地位很高的女經理人，成功的秘訣是什麼？那人回答說：「我還沒有成功呢！沒有人會真正成功。前面總是有更高的目標。」因為，隨著他們的進步，他們的標準會越定越高；隨著他們眼界的開闊，他們的信心會逐漸增長。如果你在一個平庸的職位上得到了不錯的薪水，就會缺乏向更高位置努力的動力，那是非常危險的，因為你的信心開始逐漸消磨。雖然你有能力做得更好，但是因為你滿足於現狀，所以你也許永遠都只能原地踏步，從而使你的目標可望而不可及。

對於更高目標的信心，總是激勵人們為了更美好的明天而奮鬥。成功來自於不斷擴展的信心，猶如果實來自於花朵。沒有一點野心的人，肯定是成就不了大事業的。每個成功人士的野心就是增強自信，不斷超越自我的進取之心，這也是一步步走向人生輝煌之顛的資本。

進取心就好像一粒種子，只要努力加以培育和扶植，就會茁壯成長，開花結果。所以，有進取心求上進的重要條件是要能吃苦，不怕受累，改掉裹足不前的壞習慣。無數的事實證明，人的潛力是無窮的。猶如我們在大地上挖掘，每一掘都會有新的收穫。所以只要我們的目標被理性所確認，鍥而不捨的毅力和踏踏實實的態度就是我們奔向成功的動力。只有暮氣沉沉的落伍者，絕沒有幹勁十足的失敗者。

那麼就讓那些對自己毫無自信，打算妄自菲薄、庸庸碌碌、無所用心的想法遠去吧，振奮起精神，煥發出熱情，以不屈不撓的大無畏精神向大自然索取屬於人類未來的財富，成功必將開出人生的璀璨之花！

除非你願意，沒有人能破壞你對任何事情的信心。

奧格斯特・馮史勒格曾說過：在真實的生命裏，每一件偉大事業都是由信心開始，並由信心跨出第一步。世界上最可怕的敵人，要算是沒有堅強的信念了。

在人生的旅途中，你是你自己唯一的船長，千萬不要讓別人駕駛你的生命之舟。你要穩穩地坐在舵手的位置上，決定自己何去何從。一些人生目標具有挑戰性，是因為它本身包含了很多的未知因素，在這些挑戰面前，你的信心將起重要的作用，如果你對自己要實現的目標失去信心，表現出畏難情緒，從心理上就已經埋下了失敗的種子；如果充滿信心，積極主動去迎接挑戰，就可以將一些原本可能影響心理波動的因素擋在外，以一種良好的心態積極面對挑戰，也有助於對問題的正確判斷。

弗蘭克是一位決定論心理學家，這主要是受佛洛依德心理學派影響頗深的緣故。他在納粹集中營裏經歷了一段淒慘的歲月後，開創出了獨具一格的心理學流派。弗蘭克的父母、妻子、兄弟都死於納粹魔掌，而他本人則在納粹集中營裏受到嚴刑拷打。

有一天，他赤身獨處於囚室之中，突然有了一種全新的感受。也許，正是集中營裏的惡劣環境讓他突然警醒：「即使是在極端惡劣的環境裏，人們也會擁有一種最後的自由，那就是選擇自己態度的自由。」弗蘭克的意思是說，一個人即使是在極端痛苦、無助的時候，依然可以自行決定他的人生態度。在最為艱苦的歲月裏，弗蘭克選擇了自信、積極向上的態度。他沒有悲觀絕望，反而在腦海中設想，自己獲釋以後該如何站在講台上，把這一段痛苦的經歷講給自己的學生聽。憑著這種積極、樂觀的思維方式，弗蘭克在獄中不斷磨練自己的意志，讓自己的心靈超越了牢籠的禁錮，在自由的天地裏任意馳騁。弗蘭克在獄中發現的思維準則，就是說每個人在追求成功時都要具有一定的人生態度，這個態度就是要充滿自信、積極主動地迎接挑戰，面對困難。

如果你的公司空出了重要的職位，你沒有做過這個工作，但你認為這是給你的一種挑戰，那麼能不能不怕失敗，主動要求去做這項工作？這時候，有些人會先談條件，但實際上這個挑戰本身就是一個機會，如果你能做下來，公司會看到你可以做更困難的工作，會給予獎勵。如果不給，你也增加了你的價值，在選擇別的公司時就有更多的價值。

沒有信心、消極被動的人，總是在等待命運安排或貴人相助。對一些事情，他們總認為太困難了，自己無法完成，需要降低或放棄目標。但是擁有自信的人對自己總是有一份責任感，認為命運操縱在自己的手裏，自己可以達到自己的目標，實現自己的夢想。

面對挑戰可能會失敗，但逃避挑戰一定會失敗。一個人如果對於自己的能力都沒自信，那他的一生中絕不會成就重大的事業。

蘋果電腦以其精緻、耐用等特點享譽全球，它的創辦人叫賈伯斯。賈伯斯在正式創立蘋果電腦公司前，已有兩項成功的表現記錄，一是賣出五十部自行組裝的Apple I電腦，另一次則是製造了一種防電話盜打裝置。這些成功經驗使賈伯斯對創建蘋果電腦充滿信心。

於是，年僅二十歲的賈伯斯就一手撐起了蘋果電腦公司。他拚命工作，讓蘋果電腦在十年內從一間車庫裏的小工廠，擴展成一家員工超過四千人，市價二十億美金的公司，因為他推出了一個很棒的產品—麥金塔電腦。

但是在他三十歲時，因為與董事會對公司未來的願景不同，董事會炒了他魷魚。賈伯斯說：「曾經是我整個生活重心的東西不見了，讓我不知所措。」但賈伯斯還是熱愛著他的電腦事業，被蘋果革職的事件絲毫沒有改變他的目標。他雖被否定了，但他的信心依然強烈。這源於他的目標，於是他決定再來一次。

後來的五年裏，賈伯斯創辦了Next和Pixar兩家公司。Pixar接著製作了世界上第一部全電腦動畫電影《玩具總動員》，是世界上最成功的動畫製作公司。然後，蘋果電腦買下了Next，賈伯斯回到了蘋果，Next發展的技術也成了蘋果電腦後來的技術核心。現在蘋果電腦又創出音樂產業的革命性產品iPod。一次信心為三次成功打下了堅實的基礎。

為何賈伯斯可以不斷成功。如果賈伯斯沒有明確的目標，他就不可能會有那麼堅強的信心，也就不會在被革職的人生最低潮時刻，創造出兩個難度更高的Pixar動畫公司及Next電腦公司。

從賈伯斯的例子來看，一個人能否成功創業，取決於一個人是否有目標和百折不撓的信心，正如賈伯斯所說：「不要喪失信心。這是這些年來讓我繼續走下去的唯一理由。」

人生的旅途十分短暫，要珍惜自己所擁有的選擇權和決策權，雖然可以參考別人的意見，但千萬不要隨波逐流。不能讓任何人破壞你實現自己心中目標的自信心。

請記住：只有對自己的目標充滿自信的人，才能在瞬息萬變的競爭環境中贏得成功。

所有偉大的奇蹟都只是信心的力量。

聽過這句話嗎？你相信什麼，就能成為什麼。因為世界上最可怕的兩個詞，一個叫認真，一個叫自信。認真的人改變自己，自信的人改變命運。所有偉大的奇蹟都是信心激發出的力量而已。

威爾遜的創業資本就是一台價值五十美元的爆米花機，而且還是分期付款買的。第二次世界大戰結束後，威爾遜做生意賺了點錢，便決定從事土地生意。如果說這是威爾遜的成功目標，那麼，這一目標的確定，就是基於他對自己的市場需求預測充滿信心。當時，在美國從事土地生意的人並不多，因為戰後人們一般都比較窮，買土地蓋房子、建商店、蓋廠房的人很少，土地的價格也很低。當親朋好友聽說威爾遜要做土地生意，都異口同聲地反對。而威爾遜卻堅持己見，他認為反對他的人目光短淺。他認為雖然連年的戰爭使美國的經濟很不景氣，但美國是戰勝國，它的經濟會很快進入大發展時期。到那時，一旦買土地的人增多，供不應求，土地一定會成倍成倍的向上翻轉的暴漲。

於是，威爾遜堅定了要投資土地的信心。他用手頭的全部資金再加一部分貸款在市郊買下很大的一片荒地。這片土地由於地勢低窪，不適宜耕種，所以很少有人問津。可是威爾遜親自觀察了以後，還是決定買下了這片荒地。他的預測是，美國經濟會很快繁榮，城市人口會日益增多，市區將會不斷擴大，必然向郊區延伸。在不久的將來，這片土地一定會變成黃金地段。果然不出威爾遜所料。三年之後，城市人口劇增，市區迅速發展，大馬路一直修到威爾遜買的土地的邊上。這時人們才發現，這片土地周圍風景宜人，是人們夏日避暑的好地方。於是，這片土地價格倍增，許多商人競相出高價購買，但威爾遜不為眼前的利益所動，他還有更長遠的打算。後來，威爾遜在自己這片土地上蓋起了一座汽車旅館，命名為「假日旅館」。由於它的地理位置好，舒適方便，開業後，顧客盈門，生意非常興隆。從此以後，威爾遜的道路越走越寬，產業遍布世界各地，與當初的五十美元資產早已不可同日而語。

而在人生的道路上，自信是加速器，在你成功的路上如虎添翼，它可以引領你更快地實現自己的夢想，往往給你帶來意想不到的成就。有了自信，求下則居中，求中則居上。不熱烈堅信地企盼成功而能取得成功的，天下絕無此理。

這是一個擁有賽車手夢想的年輕人故事。他從很小的時候起，就有一個夢想，希望自己能夠成為一名出色的賽車手。他在軍隊服役的時候，曾開過卡車，這對他熟練駕駛技術產生了很大的幫助作用。退役之後，他選擇到一家農場裏開車。在工作之餘，他仍一直堅持參加一支業餘賽車隊的技能訓練。只要有機會遇到賽車，他都會想盡一切辦法參加。因為名次一直徘徊不前，因此在賽車上他只有投入沒有得到，為了生活欠下了一些債務，生活有些窘迫。

有一年，他入選了威斯康辛州的賽車比賽。當賽程進行到一半多的時候，他名列第三，他有很大的希望在這次比賽中獲得好的名次。但是，突然他前面那兩輛車子發生了擦撞事故，他迅速地轉動車子的方向盤，試圖避開他們，但終究因為車速太快未能成功。結果，他撞到車道旁的牆壁上，車子在燃燒中停了下來。當他被救出來時，手已經被燒傷，鼻子也不見了。體表傷面積達四〇%。醫生為他做了七個小時的手術之後，才使他從死神的手中掙脫出來。經歷這次事故，儘管他命保住了，但他的手萎縮得像雞爪一樣。而且醫生告訴了他一個殘酷的事實：「以後，也許一輩子，你都不能再開車了。」

但是，他並沒有因此就失去信心。為了實現那個久遠的夢想，他決心再一次為成功付出代價。他接受了一系列植皮手術，為了恢復手指的靈活性，每天他都不停地練習，用殘餘部分去抓木條，有時痛得渾身大汗淋漓，而他仍然堅持著。他始終堅信自己的能力。在做完最後一次手術之後，他回到了農場，用開推土機的辦法使自己的手掌重新磨出老繭，並繼續練習賽車。僅僅在九個月之後，他又重返了賽車場！他首先參加了一場公益性的賽車比賽，但沒有獲勝，因為他的車在中途意外地熄了火。不過，在隨後的一次全程二百英哩的汽車比賽中，他獲得了第二名的好成績；這個成績的取得給予了他極大的鼓勵。兩個月後，仍是在上次發生事故的那個賽車場上，他滿懷信心的駕車駛入賽車場。經過一番激烈的角逐，他最終贏得了二百五十英哩比賽的冠軍。他在自信心給予的偉大力量下取得了成功。

相信熟悉賽車的人早就猜到了：他就是吉米・哈里波斯。一個美國頗具傳奇色彩的偉大賽車手。當吉米第一次以冠軍的姿態面對熱情而瘋狂的觀眾時，他流下了激動的眼淚。一些記者紛紛將他圍住，並向他提出一個相同的問題：「你在遭受那次沉重的打擊之後，是什麼力量使你重新振作起來的呢？」此時，吉米手中拿著一張此次比賽的招貼圖片，上面是一輛賽車迎著陽光飛馳。他沒有回答，只是微笑著用黑色的筆在圖片的背後寫上一句話：將失敗丟在背後將自信裝進身體，成功就一定在前方等你！

自信可以創造奇蹟，當德國上千架飛機向英國倫敦扔下數萬顆炸彈時，英國首相邱吉爾正在劍橋大學發表激情洋溢的演講。宣布：世界將會因英國的反法西斯而改變，要英國人民永不放棄。在蘇聯被困，法國被佔，美國坐視不管，英國又面臨淪亡的情況下，要是沒有自信，英國民眾能看到希望嗎？這就是自信，而且是一種令人震驚的自信。要是沒有自信，邱吉爾能拉攏史達林、羅斯福坐在一起共同消滅法西斯嗎？他們策劃的諾曼第戰役能勝利嗎？

這一切偉大的奇蹟難道不是源於自信的偉大力量嗎？

不幸很少會糾纏有希望和信心的人。

海倫・凱勒這位勇士曾經說過：信心是命運的主宰。一旦擁有了希望和信心，不幸的事就會繞道而行。

不幸只會羈絆對自己失去信心的雙腳，卻能成為自信者的墊腳石。是被不幸絆倒，還是把不幸踩在腳下繼續走向自己的目標，這取決於你對自己的信心。

自信是一種自己能夠給予的力量。當你總是問自己：我能成功嗎？這時，你還難以摘取成功的花朵。當你滿懷信心的對自己說：我一定能夠成功。這時，人生收穫的季節離你已不太遙遠了。

美國職棒聯盟最佳投手摩德凱・勃朗從小就對自己的未來充滿希望和信心。雖然家境貧困，但摩德凱・勃朗從小就決定要成為棒球聯盟的投手，從兒童時代就表現出與眾不同的才能。和當時所有貧窮的孩子一樣，他也在農場工作補貼家用，有一天手被機器夾住，失去了右手食指的大部分，中指也受了重傷。如果是一個消極思維的人，一定會悲觀地認為：「當投手的希望完全破滅了，要是沒有發生那件事就好了。手變成這樣，再也不能投球了。夢想已飛到窗外去，完全不可能實現了。」可是這位少年並不這麼想。他完全接受了這個不幸的事實，盡自己最大的努力，學會用剩餘的手指投球。正是受傷的手指，也就是變短的食指和扭曲的中指，使球產生了與眾不同的角度和旋轉。在地方球隊打球的時候，有一天，摩德凱從三壘傳球到一壘，球隊經理剛好站在一壘的正後方，看到旋轉的快速球劃著美妙的曲線進入一壘手的手套裏，驚訝的說：「摩德凱，你是天生的好投手。球控制得好，球速也快。那種會旋轉的球，任何打擊手都會揮棒落空。」摩德凱憑藉自己的優勢將對手一個個三振出局。不久，摩德凱便成為美國棒球界最佳投手之一。直到今天，他的三振紀錄和成功投球的次數，在美國職棒聯盟的歷史中仍佔有重要地位。

那麼，少年摩德凱是如何把不幸事件變成對自己事業的有益因素呢？他從小就相信發揮自己的力量能完成任何事情。就因為他是有積極態度的人，才能發揮難以置信的力量，解決了人生中幾乎不可能解決的困難問題。正因為他完全排除了「要是那樣的話」、「做不到」或「不可能」的語言，所以才能成為傑出的棒球選手，名揚後世。

聽了這個故事以後，也許你會說：「我不是摩德凱‧勃朗那樣的超人，遇到他那樣的不幸，我是沒有辦法重新站起來的。」但請你記住，在摩德凱的手受傷時，他也絕不是個超人。

還有一個故事：美國是全世界公認的移民天堂，但已過而立之年的皮埃爾就是這天堂中的一位不幸者。他失業靠失業救濟金生活，整天無所事事地躺在公園的長椅上，無奈地看著樹葉飄零雲朵飛走，感嘆命運中的不幸。有一天，他兒時的朋友告訴他：「我看到一本雜誌，裏面有一篇文章說拿破崙有一個私生子流落到了美國，而且這個私生子又生了好幾個兒子，他們的全部特徵都跟你相似，個子矮小，講一口帶法國腔的英語。」此後很長一段時間皮埃爾總在心裏念叨著：「我真的是拿破崙的孫子嗎？」漸漸地他開始相信這件事是真的了。

在這種希望和信心的指引下，皮埃爾的人生發生了改變。以前他因為個子矮小而充滿自卑，但現在他因此感到自豪：我爺爺就是靠這種形象指揮千軍萬馬。以前他總覺得自己的英語發音不標準，像一個令人討厭的鄉巴佬，現在他卻為自己帶一點法國腔的英語感覺悅耳動聽。在下決心開創一番事業的時候，因為是白手起家，他遇到了無數的困難，但他卻充滿信心。他對自己說，在拿破崙的字典裏找不到「難」這個字。就這樣，他一直用前代偉人的事跡激勵自己，充滿希望和自信地奮鬥，終於克服了種種困難。後來的他成立了自己的公司，而且是跨國的大公司。

擁有自己的公司十年後，皮埃爾得知自己並不是拿破崙的孫子。但皮埃爾並沒有因此感到沮喪，他說：「我是不是拿破崙的孫子已經不重要了，重要的是我明白了一個成功的道理：**當你相信自己時，不幸就會離你遠去。**」很多時候，有不少的人覺得難以成功的事情擺在面前，而常常不是積極地接受並且努力地做好，而是怨天尤人、畏難躲避，總是沉溺於抱怨和牢騷，以一種消極、悲觀的心態等待、觀望或者被動應付。但是任何人都潛藏比自己所瞭解的更大潛力。面對不幸你如果對自己說「還有下一次」、「一定能做到」，這時候不幸也會漸漸遠離你，而成功就會慢慢靠近你。

不要讓不幸糾纏你的生活，要微笑著面對不幸的遭遇，充滿自信的人，會把苦難看做是一種磨練，在與不幸抗爭的同時，人性的光彩越加鮮明，目標也越加清晰。如果你在生活中遇到不幸，那就試著擺脫它，因為這樣才能迎接美好的明天。

信心需要立足點，恐懼卻能憑空存在。

在人的一生中，自信是最不可確少的品質之一。目標是信心的源泉，知識和經驗是信心的立足點，對於失敗的恐懼卻是無時不在的，這種恐懼會遊蕩在你信心動搖的每一瞬間。每個人要實現自己的目標，都要用知識和經驗不斷鞏固自己的信心，把不自信的恐懼丟在身後。

自信的基礎是知識，知識透過實踐可以轉化為經驗，經驗構成自己的能力。能力是與自己所學的知識、工作的經驗、人生的閱歷和長者的傳授相結合的。所以有知識而不懂得去實踐的人，就像良種不播進土壤，但是缺乏知識則更加可悲，雖有沃土也只能長出草來。因此，知識可以擴大自信的範圍，而實踐能使自信取得成功。否則，在沒有行動之前就開始恐懼失敗，在氣勢上就輸了一籌，以這種心態去工作、生活，十個就有十個要以失敗告終。

每次的失敗都是在一定環境中，由許多複雜因素組合而成的結果。而對於失敗的恐懼，讓我們錯過了多少精彩的機會，它讓我們倦怠於嘗試一些新鮮的事物，它讓我們放棄了可能通向成功的想法，讓我們持續地重複著導致失敗的情緒。所有這一切都是恐懼的勝利，使我們不自覺地接受了失敗。

愛默生說過：「弱者能夠看到圍了欄杆、經過耕耘的農場，以及已經修建成的房屋。強者能夠看到未來的房屋和農場，他的眼睛能夠像陽光驅散烏雲那樣迅速地創建房地產。」

可以說，對於任何人來講，無論在事業的追求，還是處理人際關係上，恐懼都是走向成功的頭號敵人。

羅傑斯雖然是一名保險推銷員，卻總是心生恐懼，每做一件事情，首先想的是別人會怎麼評價他。一想到別人會提出反對意見，會否定他的做法，他就不寒而慄，於是事情也就做不好。他總想著自己長相不好，沒有親和力，因此不敢與客戶接觸。更嚴重的是，上司無意中的一句冷語，一個漠然的表情，都會讓他感到失業的恐懼。自然在沒有業績支撐的情況下，上司不得不考慮他的去留問題。

毫無疑問，羅傑斯是自我恐懼心理的犧牲品。恐懼會令人停滯不前，而且使人們的潛能無法正常地發揮。其實，這不是工作或社會環境為你設下的壁壘，障礙就存在於你自己心中，唯一令人恐懼的就是「恐懼」本身。正如一位哲學家說過：「恐懼是意志的地牢，它跑進裏面，躲藏起來，企圖在裏面隱居。恐懼帶來迷信，而迷信是一把劍，偽善者用它來刺殺靈魂！」

戰勝恐懼的第一步，就是要鼓起勇氣採取行動。我們的目標是自信的原動力，但自信只是成功的開始，它離成功還有一段相當遙遠的距離。這段距離需要我們在不懈的努力和消除對失敗的恐懼中不斷縮短，直至最後擷取到那甜美的果實。沒有行動的自信是蒼白的，而缺乏自信的行動將無法得以持久和有效。

跳傘雖然是一項光榮而又充滿刺激的活動，但「等待跳傘」的那一刻，卻讓人難過。在跳傘的人各就各位時，傘兵教練讓他們儘快度過這段時間。曾經不止一次，有人因幻想太多可能發生的事情而不敢跳。如果不能鼓勵他跳第二次，他就永遠當不成傘兵了。時間拖得越久，恐懼就會不斷增加，信心就會被恐懼排擠一空。

在通往自己目標的道路上，每個人心中都會或多或少的有些恐懼，但一個自信的人會鼓起勇氣把恐懼轉化為採取行動。行動能夠撫平焦慮不安的情緒，提升人們的信心，在鍛鍊中不斷戰勝內心的恐懼。而你若一味地等待、拖延，只會增強恐懼感，讓你永遠停滯不前。

很多事情並不像你想的那麼困難，你可能會很順利地就做完。即使第一次沒做好，你也不要被恐懼嚇倒，同樣要積極地行動起來，你可以認真分析一下問題的癥結所在，看看自己做的方向、方法是否正確，向有經驗的人請教，然後再重新行動，當你始終處於行動的狀態中時，你就不會感到恐懼的存在，它會慢慢地從你的身上溜走。當你圓滿完成任務時，再回頭看看，你會感到克服恐懼原來也是很容易的。

信心，代表著一個人在事業上的精神狀態和把握工作的熱忱，以及對自己能力的正確認知。有了這樣一份信心，工作起來就有熱情有衝勁，可以勇往直前。如果你對自己的未來缺乏自信，做什麼都恐懼失敗，並且在相當長的時間內對這種心態不加以扭轉，那麼很可能會損害你一生的追求，無謂地耗費你的鬥志和精力，最終成為一個碌碌無為的人而虛度此生。

信心來自明確的目標及積極的態度。

河流是永遠不會高出其源頭的。人生事業之成功，也必有其源頭，而這個源頭就是夢想與自信。目標如空氣般，是生命不可或缺的。沒有目標的人不可能成功，就如同沒有空氣人不能存活一樣。明確的目標是所有成就的起點。一旦目標確定，你就有了前進的方向，你的未來也許因此而定。有了明確的目標，才能為了實現這個目標而產生堅強的自信。

有這樣一則寓言故事：草原上，三隻獵狗追逐著一隻土撥鼠，而土撥鼠機靈地鑽進一個洞穴；突然，從洞穴裏竄出了一隻兔子，兔子飛快地向前跑，並跳上了一棵樹；三隻獵狗緊追不捨，尾隨而至；兔子在樹枝上沒站穩，掉了下來，正好砸暈了正仰頭觀望的獵狗；於是，兔子也逃之夭夭。

故事講到這裡，也許你會提出很多的疑問：

比如：「兔子怎麼會爬樹呢？一隻兔子怎麼可能同時壓暈三隻獵狗呢……」

這些顯然都是故事中不合理和存在問題的地方，看起來故事似乎有些荒誕。但是，還有一個重要的問題不可忽視，那就是：獵狗當初真正要追捕的是什麼？土撥鼠哪裡去了？土撥鼠鑽入地洞後，獵狗的目標就已經不再正確了，因此牠的結局只能是失敗或失意。

我們每個人都希望找尋到人生的目的與意義，最終實現自己的目標。然而，在人生的道路上，阻礙走向成功的往往不是艱難困苦，而是一路上有太多的誘惑。在這些誘惑的左右下漸行漸遠，最終偏離了人生規劃，迷失了自我。而有了明確的目標才可能有理想，有信仰。

有明確目標的好處是，你的潛意識開始遵循一條普遍的規律，進行工作。這條普遍的規律就是：「人能設想和相信什麼，人就能用積極的心態去完成什麼。」

許多人之所以沒有成功，是因為他們即便有了明確的目標和實現目標的具體步驟，但是不能馬上行動起來，一拖再拖，或者幾天的熱火勁頭一過，就不能持之以恆了。

安迪是一個對什麼事都不太滿意的人。有一次，朋友鼓起勇氣勸他說：「我見過很多成功的人，他們無一例外地活得愉快且積極。所以，你也要積極地考慮問題。」安迪則以「你有所不知」的口吻回答朋友說：「那是因為那些人是成功的。如果我像他們那樣成功，你不讓我積極，我也會變得積極樂觀。」

從安迪的強詞奪理中，我們就知道他不會擁有自信心，因為他沒有明確的目標和為之積極行動的態度。

而那些在精神上和物質上過著幸福生活的人，大多數都是生活積極樂觀的。但是，這並不是因為他們沒有經歷過艱難困苦，而是因為他們相信自己會得到幸福，因此可以享受人生的每一個瞬間。

如果你希望人生能朝美好的方向前進，那就應該往美好的方向集中能量。但是許多人總喜歡說一些與自己願望相反的話，總是想像最糟糕的結果。可是，比起消極的想法，積極的想法才是更「現實」的。

當你有了明確的目標和積極的態度，成功的大門就已經向你敞開了一半。許多人缺少的不是運氣，而是自信的氣質，記住：自信本身就是一種美。有了明確的目標和積極的心態就容易成功。

信心不能給你需要的東西，卻能告訴你如何得到。

信心對一個人至關重要，因為只有它知道你如何獲得想要的東西。當一個人為自己確立了發展的目標後，就要立即建立信心，採取行動為實現自己的理想去努力。

信心不是工具，也不是方法，但是有了信心你就能使自己找到實現理想的方法。如果我們對自己沒有信心，就會拖拉懶散，不知所措。成功者絕不會坐著等待成功來敲門，只有失敗者才心存僥倖，希望好運突然降臨，但我們知道，這樣的好運也只存在於幻想中。

一個人的信心影響他的行為，信心能使你透過潛心工作得到自我滿足和快樂，這是其他方法無法取代的。這麼說來，如果你想尋找快樂，如果你想發揮潛能，如果你想獲得成功，就必須充滿信心，積極行動。

有信心的人一旦遇到問題就馬上解決。他們不花費時間去發愁，因為發愁不能解決任何問題，只會不斷地增加憂慮、浪費時間。當自信者開動腦筋，立刻就興致勃勃、幹勁十足地去尋找解決問題的辦法了。不要期待時來運轉，也不要由於等不到機會而惱火或覺得委屈，要有信心，要從小事做起，要用行動爭取勝利。只要你對自己的目標有信心，透過改變自己的思考方式，利用逆向思維，就會發現：將自己逼入絕境的困難和挫折，正是開掘無限潛能的絕佳機會。從問題中發現並把握住機會，就能變不利局面為有利局面。

肯德基炸雞的創始人是卡耐爾・桑達斯。他六歲時父親就去世了，卡耐爾為了照顧年幼的弟弟，補貼家庭的支出，開始到田裏工作。隨著年齡的增長，卡耐爾步入社會，參加工作。但卡耐爾是個性情暴烈，不實現自己的願望絕不罷休的人。這種固執的性格，使得他經常與別人爭吵，他為此不得不多次變換工作。他討厭被別人使來喚去，便自己創業。開始時，他經營一家汽車加油站，但不久受經濟危機的影響，加油站倒閉了。第二年，他又重新開了一家帶有餐廳的汽車加油站，因為服務周到且飯菜可口，生意十分興隆，但是，一場無情的大火卻把他的餐廳燒了個精光。他最後還是振奮精神，建立了一個比以前規模更大的餐廳。餐廳生意再次興隆起來，可是，厄運又找上了門。因為附近另外一條新的交通要道通車，卡耐爾加油站前的那條路變成背街的道路，顧客因此銳減，卡耐爾不得不放棄了餐廳。這時卡耐爾已六十五歲了，然而，卡耐爾並未死心。他想到手邊還保留著一份極為珍貴的專利—製作炸雞的秘方，他決定賣掉。為了賣掉這份秘方，他開始走訪美國國內的快餐店。他教授給各家餐廳製作炸雞的秘訣—調味醬，每售出一份炸雞他能獲得五美分的回扣。五年之後，出售這種炸雞的餐廳遍及美國及加拿大，共計四百家。到二十世紀初，四千多家肯德基炸雞連鎖店已遍布美國各地。

卡耐爾的成功告訴我們：獲得成功，並不像常人想像的那麼難。更多的時候是你有追求理想的信心，不斷嘗試，往往有一天只需要一個想法，成功就能實現了。

不要讓錯誤的意識佔據大腦。要正確對待工作中的困難和挫折，從積極的一面賦予「問題」以新的涵義。在很多情況下，一些問題雖然高舉「此路不通」的警示牌，但仔細研究就會發現，在它周圍還有比以前更好、更有利於提高工作效率的辦法，這就是「機會」。

希臘神話告訴人們，智慧女神雅典娜是在某一天突然從丘比特頭腦中一躍而出的，躍出之時雅典娜衣冠整齊，沒有淩亂現象。和這一樣，某個高尚的理想、有效的思想、宏偉的夢想，也是在某一瞬間從一個人的頭腦中躍出的，這些想法剛出現的時候也是很完整的。但沒有信心的人遲遲不去執行，不去使之實現，而是留待將來再去做。而那些有能力有信心的人，往往趁著熱情最高的時候就去把理想付諸實施。

我們每個人在自己的一生中，有著種種的憧憬、理想和計畫，如果我們能夠將這一切的憧憬、理想與計畫，迅速地加以實行，那麼我們在事業上的成就不知道會有多麼的偉大！然而，人們往往有了好的目標後，卻沒有必勝的信心，瞻前顧後，不去想辦法執行，而是一味的拖拉，以致讓一開始充滿熱情的事情冷淡下去，使夢想漸漸消失，使計畫最後破滅。

信心不能給你實現目標的具體東西，但是，一直對目標充滿信心的人，總會找到通往成功的那條路！

第九章　哈佛大學告訴你：

人際間的和諧可以受用一生

當今社會，萬事都講求和諧。和諧，不僅指身體內部的和諧，還包括人與人之間的和諧，人與大自然的和諧。身體內部和諧的展現就是健康，人的生理、心理、精神這三個方面要和諧，如果這三個方面的和諧關係都協調好了，也就做到了真正意義上的健康。職場的和諧有利於公司壯大、員工發展，商業上的和諧有利於和氣生財。

總之和諧之氣日漸深入人心，於是人際間的和諧也被放在了重要的位置，因為人的和諧才是最重要的。

良好的人際關係是團結合作的基礎，無論是現代社會還是企業，都是以合作為常態的，因此和諧的人際顯得更加重要。

擁有和諧的人際，要以信任為基礎、維繫為紐帶、技巧為促進、和平為宗旨，最終成為職場中最受景仰的人。實現以良好人際關係作為促進事業快速發展的重要基礎。

彼此信任是良好人際關係的基礎。

每個人都希望得到別人對他工作能力的肯定。身為上司，你既然委派某位員工做某件事情，就要絕對相信他能做好它。所謂：「用人不疑，疑人不用。」你給部下足夠的信任，很容易讓其產生「士為知己者死」的豪邁情緒。這樣不僅提高了企業向心力，做事情也會事半功倍。

有七隻猴子共同生活在山上，牠們唯一的食物是飼養員每天送來的一桶粥，但每天的粥都不能填飽牠們的肚子。長此以往，也不是辦法，最後，大家坐下來共同商量。

猴甲曾經看見過人類經常採取抓鬮的方法決定事情，於是建議分粥也採取抓鬮的方式，大家覺得很好於是拍手同意。一連幾天，猴乙都沒抓中鬮。猴乙心想：抓中鬮的猴子能夠利用自己手中的權力多分一瓢粥。萬一我一直不能抓中鬮，豈不虧了？於是牠建議採取輪換制度。猴乙的建議說到了眾猴的心坎上了，大家都想利用自己分粥的那一天混個「肚兒圓」。如此這般，每個人都只有在自己值班的那一天吃的很飽，甚至是撐得夠嗆。

沒過幾天，大家就推翻了這項制度。猴丙建議說，還是選個領頭的吧。你看山下的人，鄉裏有個鄉長，村裏有個村長，一桌人吃飯時還要選個「桌長」呢！猴丙的話得到了眾猴的一致擁護。於是牠們推選出德高望重、見多識廣的猴丁擔任猴山的「山長」，具體負責分粥事宜。猴丁宣誓就職後，猴山就熱鬧了。眾猴為了多分一口粥，紛紛使出渾身解數，拚命地去巴結「山長」。這項措施的結果就是搞得猴山烏煙瘴氣，歪風盛行，怨聲載道。

最後猴群集體開動腦筋，想出了一個大家都很信服的辦法。這個辦法就是：輪流分粥，但分粥的那隻猴子要等其他猴子分完後才能拿剩下的最後一碗。為了不讓自己吃到最少的粥，每隻猴子在分粥時都盡量分得平均。這項措施實施以來，大家再也沒有吃不飽的時候了，從此過上了快樂的日子。

這些猴子們之所以經歷了抓籤分粥、輪流分粥的過程，就是因為牠們之間沒有信任做基礎。而輪流分粥的制度之所以生存下來，就是因為這裏面分粥的人無法使詐，大家信任牠不會將自己的那份分的最少，因此也就實現了平衡。所以，穩定和諧的人際關係是需要基本的信任來維持的。

彼此信任並不是容易的事情，特別是在職場，大家都來自四面八方，並不瞭解和熟悉，也沒有從小一起長大那種知根知底的踏實，沒有同窗共讀的友情。因此要在珍惜別人的一份信任，這有助於你事業的成功。

一艘貨輪正在行駛，一個在船尾的黑人小孩不慎掉進了波濤洶湧的大西洋。孩子大喊救命，無奈風大浪急，船上的人誰也沒有聽見，他眼睜睜的看著貨輪拖著浪花越走越遠……。求生的本能使孩子在冰冷的海水裏拚命地游，他用盡全身的力氣揮動著瘦小的雙臂，努力使頭伸出水面，睜大眼睛盯著貨輪遠去的方向。船越走越遠，船身越來越小，到最後什麼都看不見了，只剩下一望無際的汪洋。孩子的力氣也快用完了，實在游不動了，他覺得自己要沉下去了。放棄吧，他對自己說。這時候，他想起老船長那張慈祥的臉和友善的眼神。不，船長知道我掉進海裏後，一定會來救我的！想到這裡，孩子鼓足勇氣用生命的最後力量又向前游去。船長終於發現那黑人小孩失蹤了，當他確定孩子是掉進海裏後，便下令返航，回去找。

這時，有人規勸說：「這麼長的時間，就是沒有被淹死，也讓鯊魚吃了……。」船長猶豫了一下，還是決定回去找。又有人說：「為了一個黑人小孩，值得嗎？」船長大喝一聲：「住嘴！」終於，在那孩子就要沉下去的最後一刻，船長趕到了，救起了孩子。當孩子甦醒起來之後，跪在地上感謝船長的救命之恩時，船長扶起孩子問：「孩子，你怎麼能堅持這麼長時間？」孩子回答說：「我知道您會來救我的，一定會的！」「你怎麼知道我一定會來救你的？」「因為我相信您！」

聽到這話老船長很是慚愧：「孩子。不是我救了你，而是你救了我啊！我曾經很恥辱地猶豫過，但你還是那樣相信我……。」

一個人能被他人相信也是一種幸福，信任他人也是職場必備的能力，因為這是良好人際關係的基礎，良好人際關係又是事業成功的基礎。為了事業的成功，就從建立信任開始！

人際關係良好的人永遠不愁沒有朋友。

人際關係是一生中非常重要的課題，特別是對職業生涯而言，良好的人際關係是快樂工作、安心生活的必要條件。如今的畢業生，絕大部分是獨生子女，自我意識較強，來到錯綜複雜的社會大環境裏，更應在人際關係方面調整好自己的情緒。

一旦擁有了良好的人際關係，你的身邊就會聚集很多的朋友。任何良好的關係都是雙方受益，如果一方長期受損，這種關係是維持不久的。自我為中心和自私都會妨礙人際關係，只為自己著想而不為他人考慮，只知道眼前的利益而不考慮長遠的利益，這些都是目光短淺的表現。這樣的人是永遠不會有真心誠意的朋友。

很多人認為同事之間的關係是最微妙的，永遠不可能成為朋友，但是只要與同事之間的人際關係處理的好，彼此間也會成為很好的朋友。與同事相處得如何，直接關係到自己的工作、事業的進步與發展。如果同事之間關係融洽、和諧甚至成為朋友，人們就會感到心情愉快，有利於工作的順利進行，從而促進事業的發展；反之，同事關係緊張，相互拆台，經常發生摩擦，就會影響正常的工作和生活，阻礙事業的正常發展。因此處理好同事關係，爭取與其成為朋友就至關重要，可以在以下幾個方面爭取：

1、尊重對方是前提。

相互尊重是處理好任何一種人際關係的基礎，同事關係也不例外，同事關係不同於親友關係，它不是以親情為紐帶的社會關係，親友之間一時的失禮，可以用親情來彌補，而同事之間的關係是以工作為紐帶的，一旦失禮，創傷難以癒合。所以，處理好同事之間的關係，最重要的是尊重對方，這也是交朋友的基礎。

2、彼此之間要做到「親兄弟明算帳」。

同事之間可能有相互借錢、借物或饋贈禮品等物質上的往來，但切忌馬虎，每一項都應記得清楚明白，即使是小的款項，也應記在備忘錄上，以提醒自己及時歸還，以免遺忘，引起誤會。向同事借錢、借物，應主動給對方打張借條，以增進同事對自己的信任。有時，出借者也可主動要求借入者打借條，這也並不過分，借入者應予以理解，如果所借錢物不能及時歸還，應每隔一段時間向對方說明一下情況。在物質利益方面無論是有意或者無意地佔對方的便宜，都會在對方的心理上引起不快，因而降低自己在對方心目中的人格。

3、關心對方的生活，關注對方的困難。

同事的困難，通常首先會選擇親朋好友幫助，但作為同事應主動問訊。對力所能及的事應盡力幫忙，這樣會增進雙方之間的感情，使關係更加融洽。這樣才能使對方逐步接納自己為他的朋友。

4、不在背後說同事壞話。

每個人都有隱私，隱私與個人的名譽密切相關，背後議論他人的隱私，會損害他人的名譽，引起雙方關係的緊張甚至惡化，所以是一種不光彩的、有害的行為。朋友自古都是兩肋插刀，而不是背後捅黑刀，因此有話明著說不必藏著。

5、誤會對方要誠懇道歉。

同事之間經常相處，一時的失誤在所難免。如果出現失誤，應主動向對方道歉，取得對方的諒解；對雙方的誤會應主動向對方說明，不可小肚雞腸，耿耿於懷。朋友之間都是以坦誠為基礎的，所以真誠的道歉會拉近你們之間的距離。

說到這裡，估計很多職場人士都已經有所領悟，一項一項參照執行相信你會有更多喜歡自己的朋友。

喜歡和諧的人通常知道該如何維繫。

職場是人際交往的主戰場，與上司和同事的相處都是一種學問。因此要明白如何維繫同事與上司之間的和諧人際關係，通常喜歡和諧的人，人際關係都會不錯。

一個人在一生中要擔當多種社會角色，家庭和睦是人際關係和諧的基礎；在工作中又存在同事關係、上下級關係、朋友關係等，只有在輕鬆和諧的氣氛下，生活才會充滿樂趣，從某種意義而言，生活無需完美，但需和諧。每個人要維繫和諧的人際關係不容易，要分類進行：

1、面對上司，尊重是基礎，磨合是發展。

任何一個上司（包括部門主管、專案經理、管理代表），提升到這個職位上，必有某些過人之處。他們豐富的工作經驗和待人處世方略，都是值得學習借鑒的，應該尊重他們精彩的過去和傲人的成績。但每一個上司都不是完美的，在工作中，唯上司命令聽並無必要，但也應記住，給上司提意見只是職員工作中的一小部分，盡力完善、改進，儘快地完成工作目標才是最終目的。要讓上司心悅誠服地接納你的觀點，應在尊重的氣氛裏，有禮、有節、有分寸地磨合。不過，在提出質疑和意見前，一定要拿出詳細的、足以說服對方的資料計畫。

2、面對同事，理解處境，理性支持。

在辦公室裏上班，與同事相處久了，對彼此之間的興趣愛好、生活狀態，都有了一定的瞭解。作為同事，我們沒有理由苛求人家為自己盡忠效力。在發生誤解和爭執的時候，一定要換個角度站在對方的立場為人家想想，理解一下人家的處境，千萬別情緒化，甚至把人家的隱私抖出來。任何背後議論和指桑罵槐，最終都會在貶低對方的過程中破壞自己的形象，而受到旁人的抵觸。同時，對工作要擁有摯誠的熱情，對同事則必須選擇慎重的支持態度。支持意味著接納人家的觀點和思想，而一味地支持只能導致盲從，也會滋生拉幫結派的嫌疑，影響公司決策層的信任。

3、面對朋友，多多聯繫和維繫。

在激烈競爭的現實社會，鐵飯碗不復存在，一個人很少能在一個公司終其一生。所以多交一些朋友很有必要，空閒的時候給朋友打個電話、寫封信、發個電子郵件，哪怕只是片言隻語，朋友也會心存感激，這比邀請大夥吃一頓更有意義。

4、面對下屬，細心聆聽，給予關愛。

在工作中，只有職位上的差異，人格上都是平等的。在員工及下屬面前，上司只是一個領頭者而已，沒有什麼了不得的榮耀和得意之處。幫助下屬，其實是幫助自己，因為員工們的積極性發揮得越好，工作就會完成得越出色，也會讓你獲得更多的尊重，樹立開明者的形象。美國一家著名公司的負責人曾表示：「當主管與下屬發生爭執，而主管不耐心聆聽與疏導，以至於大部分下屬不聽指揮時，我首先想到的是換掉主管。」

5、面對競爭者，友善相待，笑臉相迎。

工作中處處都有競爭對手，許多人對競爭者四處設防，更有甚者還會在背後冷不防地「插上一刀，踩上一腳」。這種極端只會拉大彼此間的隔閡，製造緊張氣氛，對工作無疑是百害無益。其實，在一個公司裏，每個人的工作都很重要，任何人都有閃光之處。當你超越對手時，沒有必要蔑視人家，因為別人也在尋求上進；當人家在你前面時，你也不必存心添亂找碴，因為工作是大家一致努力的結果。無論對手如何使你難堪，千萬別跟他較勁，輕輕地露齒微笑，先靜下心做好手中的工作吧！說不定他仍在原地抱怨，你已創造出一項傲人的業績。露齒一笑，既有大度開明的寬容風範，又有一個豁達的好心情，說不定對手此時早已在心裏向你投降了。

上述做法將和諧人際關係的維繫更加具體化地展示出來，我們在日常生活中一定要加以學習和實踐。因為聰明人會維繫好人際關係助自己一臂之力，愚蠢的人才會將時間和精力都浪費在無謂的人際糾紛之中。

持久的成功建立在和諧的人際關係之上。

和諧的人際關係是當今社會一種十分重要的資源，人際關係也就是人們常說的人脈。它不僅是日常生活的潤滑劑，也是事業成功的催化劑。獨木難成林，沒有朋友，沒有良好人際關係的人註定很難成功。

小陳是知名大學畢業，很順利的就進入了自己喜歡的行業就業。他很有才氣，編輯的雜誌很有一套自己獨特的風格，因此很受歡迎，有一次還得到創新獎。一開始他還很高興，但過了一段時間，他卻失去了笑容。他告訴一位朋友說，他的上司最近常給自己臉色看。這位朋友問清楚他的情況後，指出了他犯的錯誤。原因是這樣的：小陳得了創新獎，受到了上司的好評，因此除了新聞部門頒發的獎金之外，另外給了他一個紅包，並且當眾表揚他的工作成績，並且誇他是塊主編的料。但是他並沒有在現場感謝上司和同事們的協助，更沒有把獎金拿出一部分請客，他的上司主編從此處處為難他，原來小陳的鋒芒已經蓋過了他的上司，讓他產生了戒備心理。

其實就事論事，這份雜誌之所以能得獎，小陳貢獻最大，但是當有「好處」時，別人並不會認為誰才是唯一的功臣，總是認為自己「沒有功勞也有苦勞」，所以小陳的鋒芒，當然就引起別人的不舒服了，尤其是他的上司，更因此而產生沒有安全感，害怕失去權力，為了鞏固自己的領導地位，小陳自然就沒有好日子過了。但是小陳還是不理解這其中的奧妙，不久便被辭退了。

如果不鋒芒畢露，小陳可能永遠得不到重用；可是，鋒芒太露又易招人陷害。鋒芒畢露的人雖然取得了暫時成功，卻為自己掘好了墳墓；雖然施展了自己的才華，卻也埋下了危機的種子。

所以，當你在工作上有特別表現而受到肯定時，千萬記住不要鋒芒畢露，否則這份鋒芒會為你帶來人際關係上的危機。

毋庸置疑，現在社會辦事依靠人際關係，成功依靠人際關係。沒有好的人際關係，不知要失去多少成功的機會，做多少事倍功半的事情。辦事有好的人際關係，就有成功的階梯。水至清則無魚，人至察則無徒。

人生活在社會群體中，誰也脫離不了別人而獨立存在。認為別人都不如自己的人，是不會擁有良好的人際關係，他們的心理主要有以下幾種情況：

一是自認為了不起，因而瞧不起別人，這是一個人的致命弱點，必須克服。

二是因個性氣質的差異而看不慣別人的所作所為，殊不知社會上每個人都有自己的個性，怎麼能要求都跟你一樣呢？

三是「眾人皆醉我獨醒」。這種人雖然潔身自好，不願與不潔之人同流合污，這本無可厚非，但也要注意方式與方法，不要過於固執和死板，要靈活變通。

工作單位，無論是機關、企業甚至學校，都是許多人為了某種目的而集合在一起，進行一定活動的團體。怎樣處理好工作單位中的人際關係，具有十分重要的意義。

沒有人是一座孤島，在職場中也一樣，如果大家都抵制、排斥一個人，那麼這個人辦起事來也會感到絆手絆腳。一個人即使能力再強，也無法在人堆中單打獨鬥，辦公室亦然。

社會生活越發展，人與人的關係越密切，對成功的要求也就越高。一個人際關係不和諧的人常常會面對無人幫助的困境，還要為別人的猜忌浪費時間和精力去化解，使自己在成功的路上不斷的分散精力，因此我們要將建立和諧的人際關係放在重要位置，這樣才能實現持久的成功。

盡量充當和事佬，就沒有太多紛爭。

職場人際往往過於複雜，明智的人都不願意深陷其中，那麼做個和事佬吧，因為做了和事佬就不會被太多的紛爭纏繞。

做和事佬首先要具備三個素質：

1、時常微笑。

人赤裸裸的來到這個世界上，沒有什麼不可以放鬆的事，沒有什麼不可擺脫利害得失的心理負擔，只要我們盡力去做，我們就可以微笑的面對人生。

2、善於讚美。

讚美要真誠，還要具體明確，你要讚揚的優點或特點的具體特徵或行為，這個特徵對他或你有良好反應，你的感受如何？

3、耐心傾聽。

傾聽可以使他人感到被尊重，可以真實的瞭解他人，增加溝通的技巧；可以減除他人的壓力，幫助他人理清情緒；可以保護必要的秘密；還是解決衝突、矛盾，處理抱怨的最好辦法之一。

有了這三種素質就具備了做和事佬的基本條件，還有一個條件就是做到「難得糊塗」。

糊塗是人際關係的潤滑劑。大凡立身處世，是最需要聰明和智慧的。糊塗不是無智，相反它是人類隱藏著的智慧；糊塗不是無能，相反它是人類一種未曾被啟動的潛能。做人要學會糊塗。

同事之間往往會有一些非正式的小道消息傳播開來，有時就需要你學會裝糊塗；對於裝糊塗的方法應該靈活多變。「心照不宣」是一種比較高級的裝糊塗法，只要你管住了自己的嘴，抑止住你想表現的慾望就行了。有的時候你會被同事當面提及，應該顧左右而言其他。實在被同事逼急了，最好說不知道。有時，會有一種像小偷被別人當場捉住一樣的感覺，這沒有什麼難堪的，只需你雙眼無辜地望著同事，同事肯定會懷疑是他的判斷錯誤。

因此，這種糊塗實際上就是「明者遠見於未萌，智者避危於無形」，是一種少有的謹慎，可以有更多的時間去專注於某項重要的工作，是一種為以後取得勝利的策略。在與同事相處的時候，揣著明白裝糊塗是一種達觀，一種灑脫，一份人生的成熟，一份人情的練達。懂得這一點，我們才能挺起背脊，披著溫柔的陽光，達到希望的彼岸。

英國首相邱吉爾和夫人在出席一次重要的宴會時，發生了一件事。席間，一位著名的外國外交官將一只自己很喜歡的小銀盤偷偷塞入懷裏，但他這個小小的舉動被細心的女主人發現了，她很著急，因為那只小銀盤是她心愛古董中的一部分，對她來說很重要。怎麼辦？女主人靈機一動，想到求助於邱吉爾夫人把銀盤「奪」回來，於是她把這件事告訴了克萊門蒂娜。邱吉爾夫人略加思索，向丈夫耳語一番。只見邱吉爾微笑著點點頭，隨即用餐巾做掩護，也「竊取」了一只同樣的小銀盤，然後走近那位外交官，很神秘地掏出口袋裏的小銀盤說：「我也拿了一只同樣的小銀盤，不過我們的衣服已經被弄髒了，所以應該把它放回去。」外交官未覺得尷尬，於是外交官和邱吉爾手中的小銀盤全部都物歸原主了。

在很多場合，很多人是不肯裝糊塗的，並能夠拍著胸膛理直氣壯地叫嚷：「我的眼睛裏，不容一粒沙子。」不肯放過每一個可以顯示自己聰明的機會，張口就是應該怎樣怎樣，不應該怎樣怎樣，遇事總是喜歡先用一種標準來判斷一下對錯，卻總是吃力不討好，原因就是不懂得難得糊塗、做和事佬的道理。

做和事佬並不等同於「牆頭草」，這是一種不與人發生正面衝突的表面糊塗，事實上則是維繫和諧人際關係的明智之舉。也許有人會不理解，但這對於你培養良好的職場人際關係確實有效。

趁機渾水摸魚的人才會挑起人事紛爭。

職場人際還有最重要的一項就是要遠離紛爭，無論是上司之間還是同事之間的，抑或是上司與同事之間，某兩個幫派之間的紛爭等等。職場中總是會有一些渾水摸魚的人挑起紛爭，坐收漁翁之利。這時候，我們要做的就是明哲保身。

不知你是否遇到過這種處境：你和這位上司或同事親密一點，卻惹惱了另一位上司或同事；你與另一位上司或同事接觸多一點，結果又開罪這位上司或同事。最後弄得沒有一個上司或同事喜歡你，當下屬的你很為難。

上司或同事同為一家公司服務，本來不應該有什麼矛盾，但同為一個工作目標而努力，由於觀點、為人風格、處事方法各不相同，很容易產生分歧和紛爭。作為下屬，根本沒有必要介入到這種紛爭中去，更不應該在背後說三道四、擴展這種紛爭。

大衛畢業後，進入某知名的跨國公司。他一直表現突出，還獲得年度業務標兵，被列為重點培養的年輕人之一，他的仕途似乎正前途光明。可是，就是這樣一個優秀的青年職員，最後卻未能被提拔起來，原因是，他陷入了上司之間的矛盾漩渦。在研究他的提升問題時，與他對立的一方極力反對，他似乎是一個矛盾集合體，有人強烈支持，有人強烈反對。久而久之，人們都認為是他自身存在問題。

大衛可謂德才兼備，但是他在仕途上卻失敗了。不過，他的這次失敗也是難以避免的，因為他違背了下屬晉升的一條法則：在仕途上，下屬不能參與上司之間的紛爭。

為了不陷於派別之爭，下屬對待上司要密疏有度，一視同仁，不搞特殊化。要做到這一點，要求你在工作上對待任何上司都一樣支持，不可因人而異。

現實生活中，有些人對主要上司和與自己相關的上司，態度十分熱情，而對於與己無關的上司則十分冷淡。這樣做的後果只能是對己不利，若不及時糾正，後果不堪設想。

一般而言，採取中立的態度是可取的。也就是說，採取一種等距離的工作方式，跟誰都不過分密切。或者說，完全從一種純粹工作的角度著想，沒事盡量少與上司們打交道。特別要注意不讓其中一個上司誤解你是另一個上司的人。

若要避免職場紛爭還是要注意和諧的人際關係，唯有如此，那些渾水摸魚的人在挑起紛爭時才不會將你捲入進去。世界上沒有完全相同的兩片樹葉，世界上也沒有完全相同的人，每一個人都有自己獨特的生活方式與性格。在職場這塊小天地中，也有形形色色的人，我們要與這些性格迥異的人建立和諧的人際關係就要做到：遇到吹牛拍馬的同事，不能和他為敵，還需笑臉相迎，以防遭到暗算；遇到城府較深的同事，要有所防範，千萬不能為其利用，從而陷在他們的圈套之中而不能自拔；遇到憤世嫉俗的同事，睜隻眼閉隻眼，與他們在一起工作，說不上是好還是不好；遇到……。

總之，職場紛爭是必然存在的，你卻不是必然要被捲進去的。只要你不想被捲進紛爭就要在平時鞏固自己的人際關係，在紛爭面前明哲保身、保持中立就可以了。

機器的摩擦耗費成本，人際間的摩擦損耗心靈。

摩擦往往是矛盾的根源，在工作交往中，與人摩擦是難免的事。在遇到摩擦之後，有的人感到委屈、悲傷，也有的人會產生強烈的情緒反應，感到別人太不理解自己了，打算採取以牙還牙的報復手段，想以此來消除與人摩擦所帶來的怨恨。這些都不是解決問題的辦法，甚至還會使事情更加複雜，而損害團結，影響事業。還會對心靈造成損害，正像機器的摩擦會耗費成本，人際關係間的摩擦就會損耗心靈的呀！

一位禪師夜裏巡視，走著走著突見牆角邊有一張椅子，他一看便知有人違犯寺規越牆出去溜達了。禪師也不聲張，走到牆邊，移開椅子，就地而蹲。不久，果真有一小和尚翻牆，黑暗中踩著禪師的背脊跳進了院子。當他雙腳著地時，才發覺剛才踏的不是椅子，而是自己的師父。小和尚頓時驚慌失措，張口結舌。但出乎小和尚意料的是，師父並沒有厲聲責備他，只是以平靜的語調說：「夜深天涼，快去多穿一件衣服。」小和尚感動不已。

「夜深天涼，快去多穿一件衣服。」輕輕的一句話，看起來很容易說出，但具體落到我們每個人身上，也許就不容易了。

禪師此話之後，他弟子的心情是如何，在這種寬容無聲的教育中，弟子不是被他的錯誤懲罰了，而是被教育了。倘若禪師不這樣做，而是回到房中不停的猜疑：小和尚種種可能的罪行。然後第二天或者以後的一段日子裏都用這種旁敲側擊的方式去敲打小和尚。從此，兩個人心靈的摩擦和較量就開始了，勢必會傷身傷心的。

摩擦大部分是由於別人不瞭解情況而產生的。因此，當摩擦產生時，你應該尋找合適的機會，把事情向對方解釋清楚，以求諒解。你可以誠懇地透過申辯解釋達到目的，要盡量心平氣和、平心靜氣，切不可因過激的言詞而產生更大的麻煩。

有摩擦，應先從自己身上找原因、尋對策，不要輕易地指責摩擦你的一方。應該說，只要對方不是故意找你的麻煩，與你鬧彆扭，那麼摩擦總是有原因的。因此，你首先要檢查一下自己是否有被對方引起摩擦的言行，如果有，應該立即找到癥結，並向對方解釋清楚，保證今後多加注意；如果沒有，你也不要隨意責怪對方，而應採取積極適當的方法，以消除雙方的摩擦。

多倫多大學的研究者對人際摩擦的問題進行了一次調查。調查對美國一千七百八十五名成年人進行了工作權力和人際摩擦的研究。調查記錄了參與者在過去一個月所經歷的八個職場摩擦。調查發現，管理職位從業者經歷了最多的職場摩擦，年輕人之間出現的摩擦最多，尤其是男性之間。與年長男性相比，四十多歲或者更年輕的男性面臨更多的摩擦。調查顯示，六十多歲的男上司面臨的摩擦顯著減少。女性面臨的職場摩擦整體上少於男性，年齡對女性面臨的人際摩擦沒有太大影響。該項研究的主要發起人，多倫多大學社會學教授史考特・希曼認為：年輕人爭強好勝或許也是產生職場摩擦的原因之一。

可見，人類社會這個繁雜的部落群體，到處存在著人際矛盾和摩擦，有時甚至發生人際衝突。所以，在任何群體中，人與人之間不可能沒有摩擦。只要你生活在這個世界上，你就會與別人發生摩擦。摩擦是現實的，更是必然的，但我們必須知道產生摩擦的根源，這樣才能有效地避免摩擦，從而使自己的心靈保持寧靜。

如果你不同意別人的說法，至少不要和他人爭執。

在職場中，每天、每項工作都會有各種意見，這些意見來自不同的人。這些人你不同意我的意見，我也不同意你的意見，在闡明原因若說服不了對方，就很容易引起爭執。職場爭執是人際關係的大忌，要盡量避免。

正所謂，有人的地方就有矛盾，兩個人在一起難免有爭執，通常還是為了些小事爭執。夫妻之間、親子之間、朋友之間、同事之間，平時感情很好，可是總是喜歡為生活中的小事情而爭執，事後又後悔。

只要有爭執，在精神上一定會留下傷痕，傷身、傷神，且失去了同事、朋友，甚至結成仇家。與其爭得一時之氣，不如悠悠閒閒吹一個下午的風。

因此，人與人相處，應以忍讓的態度來對待，唯有如此才能避免衝突。

成為畫家之前的梵・高，曾經做過牧師和礦工。有一次他和工人一起下井，在升降機中，他陷入巨大的恐懼。顫微微的鐵索軋軋作響，箱板在左右搖晃，所有的人都默不作聲，聽憑這機器把他們運進一個深不見底的黑洞，這是一種進地獄的感覺。

事後，梵・高問一個神態自若的資深工人：「你們是不是習慣了，不再感到恐懼了？」這位坐了幾十年升降機的資深工人答道：「不，我們內心無比恐懼，但是我們學會了忍耐。」有些生活，你永遠也不會習慣，但只要你活著，這樣的日子你還是要一天一天過下去，就像職場的那些生存哲學，所以你就得學會忍耐、忍耐、再忍耐。

你不習慣黑夜，但黑夜每天適時而來，你忍耐著，天就亮了；你不習慣寒冷的冬季，但冬天的腳步漸漸逼近，你忍耐著，那春天還會遠嗎？

相傳，猶太史上有一個堪稱忍耐典範的人，他就是希雷爾。曾有兩個人打賭，說好誰能讓希雷爾發火，就可以贏四百美元。這天剛好是安息日前夜，希雷爾正在洗頭。這時，有人來到門前，大聲喊道：「希雷爾在嗎？希雷爾在嗎？」希雷爾趕忙用毛巾包好頭，走出門來問道：「孩子，你有什麼事？」「我有個問題要請教。」「那就請講吧，孩子。」「為什麼巴比倫人的頭不是圓的？」「你提出了一個重要的問題，原因在於他們缺乏熟練的產婆。」外面的人聽完，悻悻然地走掉了。

沒過多久，他又回來了：「希雷爾在嗎？希雷爾在嗎？」希雷爾連忙又包好頭，走出門來，問道：「孩子，你有什麼事？」「我有個問題要請教。」「那就請講吧，孩子。」「為什麼帕爾米拉地方的居民都爛眼睛？」「你提出了一個重要的問題，原因在於他們生活在沙塵飛揚的地區。」外面的人聽完，又悻悻然地走掉了。

……

「你能告訴我非洲人為什麼都是寬腳板嗎？」

……

這次聽完以後，那個人沒走，繼續說道：「我還有許多問題要問，但我怕惹你生氣。」希雷爾乾脆把身子裹好了，坐下來說：「有什麼問題，你儘管問吧。」「你就是那個被人們稱為以色列親王的希雷爾嗎？」「不錯。」「要真是這樣的話，但願以色列不要有許多像你這樣的人。」「為什麼呢？」「因為為了你，我輸掉了四百美元。」希雷爾問明情況後，對他說：「記住了，希雷爾是值得你為他輸掉四百美元的，即使再加四百美元也不算多。不過，希雷爾是個忍耐高手是不會生氣的。」

看來希雷爾能夠獲得別人的尊敬、擁有良好的人際關係是有原因的。從有人會為他打賭就證明了他有過人之處，我們要向他學習，在不同意同事的意見，甚至是面對他們的無理取鬧時，也不要發生爭執，而是要以忍來面對，忍過了，就保持住了良好的人際關係；爆發了，就破壞了這份人際關係。

國家圖書館出版品預行編目資料

哈佛大學的商業菁英都是這樣做 / 陳必讀著. --
臺北市 : 種籽文化,2020.02
面； 公分

ISBN 978-986-98241-3-2(平裝)

1.職場成功法 2.生活指導

494.35 109000502

CONCEPT 125
哈佛大學的商業菁英都是這樣做

作者／陳必讀
發行人／鍾文宏
編輯／編輯組
美編／文荳設計
行政／陳金枝

企劃出版/喬木書房
出版者／種籽文化事業有限公司
出版登記／行政院新聞局局版北市業字第1449號
發行部／台北市虎林街46巷35號1樓
電話／02-27685812-3 傳真／02-27685811
e-mail／seed3@ms47.hinet.net

印刷／久裕印刷事業股份有限公司
製版／全印排版科技股份有限公司
總經銷／知遠文化事業有限公司
住址／新北市深坑區北深路 3 段 155 巷 25 號 5 樓
電話／ 02-26648800 傳真／ 02-26640490
網址：http://www.booknews.com.tw(博訊書網)

出版日期／ 2020 年 02 月 初版一刷
郵政劃撥／ 19221780 戶名：種籽文化事業有限公司
◎劃撥金額 900(含) 元以上者，郵資免費。
◎劃撥金額 900 元以下者，若訂購一本請外加郵資 60 元；
劃撥二本以上，請外加 80 元

定價：280元

喬木書房

喬木書房